Anti-reflection（AR）Film Technology
on Solar Cell

Principle,Manufacture and Applications

太阳能电池减反射膜技术
原理、制造与应用

李 玲　向嘉欣　著

化学工业出版社

·北京·

本书从实际应用出发，结合光学基础理论和材料学设计理论，系统论述了减反射膜的设计、结构测试和生产制造技术，并通过自清洁减反射膜在太阳能电站的应用实例，提出了减反射膜技术的解决方案。

本书适合太阳能技术研究开发者、太阳能电池生产技术人员、太阳能电站企业管理者、高等院校相关专业师生阅读。

图书在版编目（CIP）数据

太阳能电池减反射膜技术：原理、制造与应用/李玲，向嘉欣著. —北京：化学工业出版社，2020.5
ISBN 978-7-122-36299-5

Ⅰ.①太… Ⅱ.①李…②向… Ⅲ.①太阳能电池-高增透膜-研究 Ⅳ.①TM914.4

中国版本图书馆 CIP 数据核字（2020）第 032495 号

责任编辑：成荣霞　　　　　　　　文字编辑：孙凤英
责任校对：杜杏然　　　　　　　　装帧设计：王晓宇

出版发行：化学工业出版社（北京市东城区青年湖南街 13 号　邮政编码 100011）
印　　装：凯德印刷（天津）有限公司
710mm×1000mm　1/16　印张 13½　字数 252 千字　2020 年 7 月北京第 1 版第 1 次印刷

购书咨询：010-64518888　　　　　售后服务：010-64518899
网　　址：http://www.cip.com.cn

凡购买本书，如有缺损质量问题，本社销售中心负责调换。

前言

能源与环保是新世纪科学技术发展的重要因素，太阳能作为清洁和可再生能源成为当前人们最关注的资源，随着太阳能电池技术的发展，太阳能电池替代火电已成为一种不可阻挡的趋势。 特别是纳米技术的发展及新材料的不断涌现，为太阳能的充分利用提供了支持。 近年来太阳能产业飞速发展，太阳能电站如雨后春笋遍布全国，但太阳能电池的光电转换效率和太阳能电站的维护一直是太阳能电池使用的瓶颈，提高太阳能电池光电转换效率最直接有效的方法就是提高太阳能电池封装玻璃或薄膜的透过率，减反射膜技术因此应运而生，成为太阳能电池产业升级的关键。 开发使用具有自清洁功能的减反射膜，不仅可以提高太阳能电池的发电效率，而且还能增加太阳能电池输出电量的稳定性，因此，使用自清洁减反射膜技术成为太阳能电池行业迫切的市场需求。 同时，减反射技术还可以应用到平板显示器、飞机汽车前挡风玻璃、光学仪器、塑料大棚等军工、航天、农业等领域。

从 2007 年 5 月笔者应国内某太阳能玻璃龙头企业之邀开始做太阳能玻璃减反射膜开发工作起，至今已过去 12 年。 十多年来，从最初研究出的减反射膜实验室小样，到太阳能玻璃生产线的试车生产的产品，再到如今应用于太阳能电站的太阳能电池组件（可提高太阳能电池的发电效率），减反射膜的研究和开发走过了漫长而曲折的道路，其产品也由最初的减反射膜、超亲水型自清洁减反射膜，到如今的可防灰超疏水型减反射膜，其技术在不停地进步，整个新产品开发经过了十多年的艰难历程。

同步地，太阳能电池组件也由最初的只能用于太空、航空这些高端行业，发展到替代火电走入日常使用的道路，并开始走上千家万户的屋顶。 至今，太阳能电池已被人类广泛用于工业、农业、海洋、高山，甚至随时可将太阳能电池穿在身上，举在头顶，放在身边……太阳能电池类型也从沉重的不可折叠的硬型太阳能电池，渐渐变为轻盈可携带、可折叠的柔性薄膜太阳能电池。 时代在变迁，太阳能技术在不断发展，减反射膜技术也在与时俱进。

随着太阳能电池技术的发展、太阳能电池应用的拓宽，对太阳能电池组件提高光电转换效率、降低成本的要求日益迫切，特别是对已经在运行的太阳能电站，太阳能电池减反射膜的应用要求日益迫切，渐渐显示出其重要性。

本书的写作过程亦如此，从 2012 年开始写出初稿，经历了中国光伏行业的兴起、低谷和东山再起，因种种原因，直至今日才得以全部完成，其中变数一言难尽。无论多少风雨，笔者一直沉浸在太阳能这个行业，致力于对减反射膜技术进行完善和改进，其结果是美好的。

本书共分九章，第一章对太阳能、太阳能电池、太阳能电池工作原理分别进行介绍，并根据笔者对太阳能电池产业的了解和国内外太阳能电池应用的进展，对太阳能电池的发展趋势进行了系统阐述。 第二章主要介绍了太阳能玻璃的发展过程，并叙述了减反射膜在太阳能玻璃上的应用，从这部分，可以了解太阳能玻璃的由来和发展。 第三章阐述了减反射膜应用于太阳能电池上的基本原理，并对不同类型的减反射膜进行了分类，其中介绍了天然的蛾眼结构和最先进的仿生结构减反射膜。第四章阐述了减反射膜的设计和制造，这部分的内容主要是论述减反射膜的设计原理和制造过程，包括太阳能玻璃减反射膜镀膜工艺和设备以及生产过程，对希望了解和制造减反射膜的读者有一定的参考借鉴作用。 第五章系统介绍了减反射膜的性能和测试方法，其内容包括，减反射膜的物理化学性质及其测试方法和仪器，减反射膜的光学性能、力学性能等各项技术指标的成因、原理和测试方法与标准，这部分是制造和生产减反射膜必须了解的技术要求。 第六章对所有的减反射膜耐候性（耐老化）检测技术指标进行了相关介绍。 其中，一部分是根据国际电工委员会（IEC）有关太阳能电池组件的检测方法和标准，另一部分来源于欧盟（EN）对太阳能电池组件检测的方法和技术标准，还有一部分参考国内镀膜玻璃国家标准和建材行业太阳能玻璃减反射膜标准，以及笔者在实际研究、开发和应用过程中了解到的有关减反射膜耐老化试验的快速检测方法。 第七章针对日益发展壮大的柔性太阳能电池及其减反射膜进行了详细介绍，这部分内容涉及了目前最前沿的太阳能电池研究，例如：石墨烯太阳能电池、纳米天线太阳能电池、钙钛矿太阳能电池等。 同时，也介绍了纳米技术对太阳能电池的促进和发展。 第八章主要介绍笔者十几年来所研究和应用的太阳能电池减反射膜的设计、制造和应用，其内容主要包括超亲水减反射膜和超疏水防灰减反射膜这两类技术，这部分内容是笔者在太阳能玻璃减反射膜方面研究工作的总结，作为参考提供给读者。 第九章是笔者将减反射膜技术应用于太阳能电站的实际案例。 首先介绍了国内外的太阳能电站情况，太阳能电站的发展；其次介绍了太阳能电站的运作和维护过程与要求，以及目前面临的问题和解决方案；最后，介绍了笔者在太阳能电站使用减反射膜的实际情况和试验结果、未来减反射膜使用过程中可能面临的问题，并提出了解决建议。

本书是针对太阳能电池光伏组件、太阳能电站和有关太阳能电池提高效率、降低成本，所进行的减反射膜原理和研究论述，其专业性不仅限于太阳能电池，也可能对其他领域的减反射膜应用和太阳能利用方面有一定的借鉴作用。

笔者整个研究、开发和应用过程长达 12 年之久，写这本书的过程既是经验总结也是学习应用的过程。 完成书稿的过程也是培养人才的过程，本书第二作者，从 2007 年开始到太阳能玻璃企业观摩整个技术的研究和在中试线上的试生产过程，并在写这本书的资料准备中，做出了大量检索翻译工作，从 2016 年开始参与本书的编写工作，特别是 2017 年暑假，在麻省理工大学进行了大量的文献检索、翻译，并从此开始介入本书的写作，目前第二作者已进入康纳尔大学学习，并继续参加太阳能电池有关的研究工作。

书中所有图片、照片和数据，除特别注明外，均为笔者拍摄和绘制。

在本书相关内容的研究和开发应用工作中，笔者得到了许多太阳能行业和相关企业的支持。 在此，特别感谢珠海兴业太阳能股份公司刘红维主席、孙金礼总裁、张超执行总裁、汤立文总经理、肖慧明总工和工作在一线的阳江鑫业太阳能电站的工作人员，他们对笔者在太阳能电站应用防灰减反射膜的试验给予了大力支持！ 这一工作的完成，使笔者所研究开发的新型自清洁减反射膜技术得到了实际应用和实践检验。 还要感谢多年来在研究开发减反射膜技术的过程中所遇到的其他企业界领导给予的支持和帮助，他们是信义玻璃研发中心主任杨建军高级工程师，中航三鑫玻璃技术公司副总经理吕皓高级工程师，原华美新材料玻璃公司吕林军先生，河南思可达光伏材料有限公司吴丽霞女士，青岛金晶玻璃已故董事长刘同佑先生和印冰博士，深圳纪兴源科技股份有限公司总经理冯纪先生和彭汉新先生，易事特创始人何思模先生、易事特项目部经理邱文龙先生也对我们在太阳能电站的工作给予了大力支持。 在此，深深感谢在太阳能玻璃减反射膜生产应用过程中很多光伏玻璃企业和太阳能企业的企业家们的支持和帮助！ 国家农业标准化监测与研究中心（黑龙江）总工程师彭丽萍研究员为笔者检索和提供了太阳能电池光伏组件检测的国家标准资料，暨南大学光电系钟金刚教授为本书光学部分内容进行了审阅，暨南大学物理系研究生冯坚参与了部分图片的绘制，在此一并致谢！

此外，感谢本书责任编辑对本书如此漫长的写作过程给予的理解和支持！

由于太阳能电池和减反射膜技术的快速发展及笔者专业水平所限，书中存在的不足和失误在所难免，希望读者在阅读本书的过程中，发现问题不吝赐教。

李　玲　向嘉欣

2019 年 11 月 28 日

于美国纽约州，Ithaca

目录

第九章 防灰减反射膜在太阳能电站的应用实例 / 144

第一章

太阳能光谱和太阳能电池

第一节　太阳的结构和太阳能光谱

太阳能是地球上一切能源的母亲，正所谓万物生长靠太阳。地球上几乎所有的能源，包括光能、风能、热能、生物能、石油等全部来自太阳的恩赐。

众所周知，地球上的光能来自太阳的发光和太阳发光引发的二次发光或因太阳能而产生的物质的发光；风能是由于太阳对地球的照射产生冷热对流，这种气流的冷热交换运动进而形成风，风被利用即成为风能；热能来自太阳的辐射和燃烧物质所产生的能量，而燃烧物质本身也是来自依靠太阳照射产生光合作用形成的；同理，生物能的根本生物质的生成也离不开太阳的光合作用；石油的来源就是植物、动物的遗骸的演化产物，而这些物质也曾依靠太阳而生存。因此，是太阳给予了地球能量。那么让我们来看看太阳的本质，并了解太阳产生能源的原因。

一、太阳的结构

太阳是一个实体，即能源物质体，其中充满了可以进行核聚变的物质，而它的核心则以每秒大约 $6 \times 10^3 \text{kg}$ 的质量进行着核聚变反应。

我们来看质能转换公式：

$$E = MC \tag{1-1}$$

式中，E 为能量，J；M 为物质的质量，g 或 kg；C 为光速，m/s 或 km/s。

式(1-1)体现了能量与质量的定量关系。通过式(1-1)，我们可以计算得出太阳中心每秒核反应为 $6 \times 10^3 \text{kg}$ 质量可转换的能量，为 $3.6 \times 10^{20} \text{J}$。并且，这些能量以电磁辐射的方式从太阳发射出去，即太阳中的物质，不停地进行着核聚变反应，同时源源不断地以辐射形式向外释放能量。那么，每天有 24h，相当于 86400s（24h×60min×60s），我们知道，每天太阳向外辐射的能量就是：$3.11 \times 10^{25} \text{J}$。

太阳的质量大约 $1.989 \times 10^{30} \text{kg}$，按前面计算核反应进行的速度，可以得出结论：从现在开始，太阳的寿命大约还有 50 亿年。这个数字，对于地球、对于人类的进程而言，太长太长了！充分说明太阳的寿命远远长于人类的生命更迭，由此，我们可以认为太阳是一种取之不尽、用之不竭的能源，即可持续能源。

太阳的结构如图 1-1 所示。

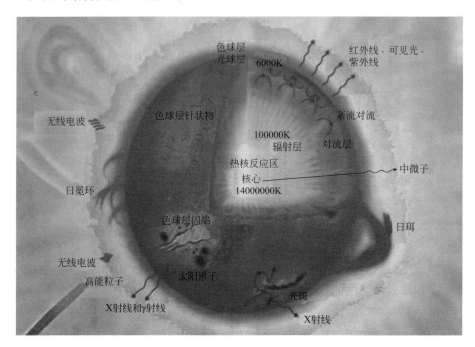

图 1-1　太阳结构示意[1]

从图 1-1 我们可以看到：太阳的中心进行着核反应，然后向外进行核辐射，产生对流区，最后向四周辐射。其中，太阳进行的核反应每年大约有 4.73×10^{23} kJ 的能量辐射，而其透过大气层达到地球表面的能量为太阳散发能量的 47%。这表明：太阳每年辐射到地球表面的能量就有 2.22×10^{22} kJ 之多。对于地球而言，按平均水平计算，太阳能到达地球表面的能量密度约为 1000W/m^2，由于地球表面因海拔高低、角度不同，所以每个地区接受太阳辐射的能量是不同的，这只是一个平均值或为了方便计算的一个参考值。

如果我们只是保守估计，以平原上每年能够利用的太阳能能量按仅是地球表面受辐射总能量的 10% 计算的话，那么地球表面每年可从太阳获得的能量大约为 $6.2 \times 10^{18} \text{kW}$，这些能量相当于 1.1×10^{14} t 标准煤产生的能量。

由此可见，如果利用好太阳能可以给人类节省大量的石油矿物资源。对于日益消耗的能源而言，太阳能的利用将是宇宙给予地球人缓解人类能源危机的一个最好礼物。

二、太阳能光谱

太阳以电磁辐射的形式将能量输送到地球表面，其到达地球的光谱波长范围在 250nm～3.0μm，如图 1-2 所示。其中，可见光的波长范围为 380～780nm，能量占太阳能总能量的 45％以上，而波长在 380～1100nm 的能量则占整个太阳能的 80％左右，所以，太阳能电池一般以这一波段为测试效果的波长范围（图 1-3）。由于波长在 380～1500nm 辐射的能量占整个太阳能的 90％以上，所以无论光电材料还是光热材料，能源利用的效果测试基本在这一范围内。

图 1-2　太阳能光谱[2]

太阳辐射到地球的能量，由于大气的阻挡和天气的变化，并不是稳定地一成不变，晴天和阴雨天能够到达地面的能量变化差异很大，所以，在太阳能利用的时候，都会以平均值计算。或者，在太阳能的实际应用中，会开发辅助技术进行相应的补偿，以获得稳定的能

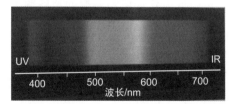

图 1-3　可见光光谱[3]

源，例如：太阳能与风能的结合，太阳能与热能的结合，光热中的温控材料也是这种能量补偿技术之一。从图 1-4 可以看到，一般大气变化对太阳光辐照的变化影响主要在可见光区（380～780nm），而且，可见光占太阳能能量的大部分，所以，调整和平衡这一波段的能量是一个待开发的技术。例如：蓄能技术，包括蓄热技术、蓄电技术和热电、电热等的能量转换技术。

充分利用太阳能一直是太阳能研究领域经久不衰的课题，无论是太阳能电池的发展和应用，还是太阳能的综合应用，都在寻找最高的光电或光热转换效率和最低的投入成本，所以，太阳能的应用和利用，研究开发和技术发展，都有着广阔的扩展空间和远大的发展前景，对人类社会和经济发展具有举足轻重的作用。因此，了解太阳能，开发太阳能应用，研究太阳能技术，对环境保护和能源持续发展有着重大意义。

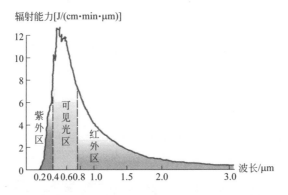

图 1-4　太阳辐射到地球表面的光能分布[4]

第二节　太阳能电池的结构和类型

　　太阳能电池是目前利用太阳能获得能量最广泛的光电转换器件，上至太空飞行器下至山野探测、海上动力等都可以应用太阳能电池获得能源。现在太阳能电池的发展已成为能源领域势不可挡的新技术浪潮，而且太阳能电池技术的突飞猛进，已经成为替代矿物能源的新能源主力。

　　新型太阳能电池的不断涌现，例如：量子太阳能电池、石墨烯太阳能电池、纳米结构太阳能电池、染料敏化太阳能电池等，尤其是柔性薄膜太阳能电池的开发，使太阳能电池制造成本急剧降低，性价比逐步提高，应用范围迅速扩大，成为新一代环保清洁的新能源代表。特别是近几年来，复合柔性太阳能电池的开发更使太阳能电池的效率成倍增加，太阳能电池替代矿物能源已成为不可阻挡之势。

一、太阳能电池的结构和基本制造工艺

　　太阳能电池是将太阳能的光辐射直接转变为电能的一种电子器件，其原理为利用光电材料（半导体）吸收光能后发生光电子转换反应产生电流并输出，其结构和光电转换原理如图 1-5 所示。

　　如图 1-5 所示，在太阳能电池中，其结构组成分别有如下几个部分：背板、面板、中间层。中间层为半导体材料，是作为光电转换的主体材料。在结构上，因组成太阳能电池的构架材料不同，太阳能电池划分为硬性和柔性太阳能电池两种。

　　传统的硬性太阳能电池是指背板和面板都是不可弯曲的金属和玻璃材料，这种硬性的分类是针对新发展的柔性太阳能电池而言的，传统的太阳能电池基本都

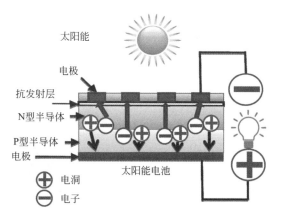

太阳能

电极

抗发射层

N型半导体

P型半导体

电极

太阳能电池

⊕ 电洞

⊖ 电子

图 1-5　太阳能电池结构和光电转换原理

是硬性的，直接称为太阳能电池，而可弯曲折叠的太阳能电池被称为柔性太阳能电池。

传统硬性太阳能电池的制造工艺过程为：首先在背板上布置半导体光电转换材料，一般为单晶硅或多晶硅材料，即将多个带刻槽的片材在背板上进行排布，通过引线导出，然后将面板玻璃覆盖在排布好的半导体材料之上，将面板玻璃和背板玻璃或金属片用 EVA 热压胶封闭在一起，这时由多个硅材料组成的小块太阳能电池集中在一块背板上经过热压封装就制成了太阳能电池组件。大多数太阳能电池生产厂家其实是太阳能电池组件厂，仅仅是将太阳能电池组装成组件，其实际的生产流程如下所示。

太阳能电池的生产流程：①电池检测；②正面焊接—检验；③背面串接—检验；④敷设（玻璃清洗、材料切割、玻璃预处理、敷设）；⑤层压；⑥去毛边（去边、清洗）；⑦装边框（涂胶、装角键、冲孔、装框、擦洗余胶）；⑧焊接接线盒；⑨高压测试；⑩组件测试—外观检验；⑪包装入库。

太阳能电池是以组件的形式使用的，常见的太阳能电池发电站是一块块组件有序排列的集合，如图 1-6 所示。

新型柔性太阳能电池结构如图 1-7 所示，其基本结构和硬性太阳能电池一样，主要区别在于背板和面板的材质，基本都是柔性可弯曲的金属薄片或塑料薄膜，背板一般为金属薄片或塑料膜，但面板一般全是透明塑料膜。

图 1-6　广东阳江鑫业太阳能发电站

柔性薄膜太阳能电池制造工艺为：先在柔性背板上涂一层或多层半导体光电转换材料，然后用透明塑料薄膜覆盖热压封装。柔性薄膜太阳能电池的制造基本是印刷方式，通过卷对卷进行规模化生产。

柔性薄膜太阳能电池生产现场如图 1-8 所示。

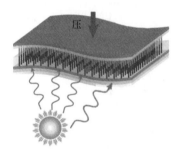

图 1-7　柔性太阳能电池结构示意

图 1-8　柔性薄膜太阳能电池生产现场

二、太阳能电池的类型

太阳能电池的分类方法有很多种，除了前面提到的按主板和背板的材料分为硬性和柔性太阳能电池两大类别之外，还可以针对半导体材料的类型分类，也可按太阳能组装结构类型分类。目前已经规模化生产应用和正在应用的太阳能电池主要按半导体材料类型分类，例如：硅太阳能电池、有机太阳能电池、塑料太阳能电池、钙钛矿太阳能电池等几大类。本书中，分别按材料类型和结构类型进行介绍。

（一）按半导体光电转换材料分类

1. 硅太阳能电池

硅太阳能电池可分为单晶硅、多晶硅、非晶硅和现在发展迅速的钙钛矿复合硅太阳能电池。以单晶硅、多晶硅为主的晶硅太阳能电池被称为第一代太阳能电池（图 1-9）。硅太阳能电池最早应用于 20 世纪 60 年代美国空间卫星的能源系

(a) 单晶硅太阳能电池组件

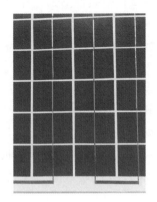

(b) 多晶硅太阳能电池组件

图 1-9　单晶硅太阳能电池组件和多晶硅太阳能电池组件

统，是目前商业化规模最大、应用最广的太阳能电池。现在美国单晶硅和多晶硅太阳能发电站随处可见，尤其是那些小型太阳能发电厂。

晶硅太阳能电池开始以单晶硅太阳能电池为主，后续发展了多晶硅、非晶硅以及钙钛矿复合硅太阳能电池。在硅太阳能电池中，单晶硅太阳能电池的转换效率最高，已有实验室记录的最高水平为25%，但实际应用中的太阳能发电现场的效率约为16%~20%。据报道，目前已开发的钙钛矿复合硅太阳能电池太阳能转换效率已经达到40%。

为了降低生产成本，人们开发了多晶硅太阳能电池，比之于单晶硅电池，多晶硅材料价格低廉，但由于晶体结构的原因，其转换效率相对较低，目前实验室最高转换效率为20.4%，大规模工业化的多晶硅太阳能电池转换效率约为16%。

与晶硅材料相比，非晶硅薄膜材料具有更高的吸收系数，但是由于非晶硅电池PN结界面处载流子复合效率很高，对电池性能产生了负面的影响，使太阳能电池效率降低，目前此类单结薄膜电池的转换效率仍在10%以下，而叠层多结串联的非晶硅电池转换效率可以略大于10%。

由于硅太阳能电池的生产和应用技术都已成熟，其使用率占已使用太阳能电池的80%以上。因此，为了更好地利用成熟的太阳能技术，在开发新材料太阳能电池的同时，人们也在改善硅太阳能电池的制造工艺和方法，以提高硅太阳能电池的转换效率。因此，背电极接触硅太阳能电池应运而生。

由美国Sunpower公司研究开发的背电极接触太阳能电池，也简称为IBC（interdigitated back-contact）电池，这种硅太阳能电池的结构特点是正面无栅状电极，而是正负极交叉全部排列在太阳能电池背板后面，通过利用点接触和丝网印刷技术制成太阳能电池。

由于正面没有金属栅极，所以这种结构的电池可以减少正面遮光损失，增加有效半导体面积，并降低了组件装配成本，从外观上看，这种形式的太阳能电池更加简洁明快，视觉效果更好。

这种背电极太阳能电池，因光生载流子需要穿透整个电池被电池背表面的PN节收集，所以IBC电池需要使用载流子寿命较高的硅晶片作为光电转换材料，一般采用N型单晶硅作为衬底，正面使用二氧化硅或氧化硅/氮化硅复合膜与N^+层结合作为前表面电场，并将表面制成绒面结构以达到减反射效果。背面则利用扩散法做成P^+和N^+交错间隔的交叉式接面，通过在氧化硅上开金属接触孔，达到电极与发射区或基区的接触。交叉排布的发射区与基区电极几乎覆盖了背表面的大部分，非常有利于引出电流。其结构如图1-10所示。

2. 有机太阳能电池

有机太阳能电池是一种以有机物为半导体光电转换材料的太阳能电池。这些有机材料分为提供电子的给体（donator）化合物和接受电子的受体（acceptor）

图 1-10　背电极接触硅太阳能电池[5]

化合物。

　　最早的有机太阳能电池，是 1959 年由 H. Kallmann 等以单晶蒽为原料制备出的第一个有机太阳能电池，但由于电池的转换效率很低，并没有引起关注。一直到二十多年后的 1986 年，Tang 采用 P 型和 N 型有机半导体制备了双层结构电池，获得了电池的能量转换效率达到 1% 的有机太阳能电池，有机太阳能电池才开始引起科学家和企业界的注意。

　　由于有机太阳能电池具有质量轻、成本低、制备工艺简单、柔韧性好且可大面积制备等优点，使各界对有机太阳能电池的开发和制备研究寄予了极大的希望，并给予了大量的支持和投入，因而这方面的研究迅速推进，并快速见效。在针对器件的半导体电荷传输特性、光学吸收特性等方面的优化后，有机太阳能电池技术很快转化为产品，并开始生产。2007 年，Heeger 等以聚噻吩（P_3HT）和富勒烯衍生物（PCBM）为活性层材料，利用溶液法制备出了级联的有机太阳能电池，并将有机太阳能电池的效率提高到了 6.5%。这一数值已经接近商业化标准的 7%。随后，人们开始在这一基础上进行深入研究，使有机太阳能电池发展更加迅速。华南理工大学曹镛小组就采用水溶性共轭聚合物 PFN 作为新的阴极间隔层，大大改善了窄带隙 PCDTBT 和 PTB7 与 $PC_{71}BM$ 形成的共混体异质结太阳能电池的性能，并获得了 8.37% 的转化效率。而德国 Heliatek 公司的有机太阳能电池更是处于世界领先水平，电池效率可达到 9.8%～

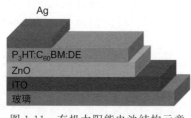

图 1-11　有机太阳能电池结构示意

10.7%，这一电池效率几乎和非晶硅太阳能电池的光电转换效率一样，达到了太阳能电池的使用要求。图 1-11 展示了有机太阳能电池的基本结构，从图 1-11 可看到：有机太阳能电池的中间半导体材料是有机电子给体与受体的复合材料，具备了可折叠和蜷曲性。

　　有机太阳能电池的特性和应用推进了柔性薄膜太阳能电池的应用，并引出了后续的聚合物太阳能电池和染料敏化太阳能电池的开发。

3. 聚合物太阳能电池

塑料太阳能电池，是在有机太阳能电池基础之上开发的聚合物太阳能电池，也是人们受有机太阳能电池的启发，采用聚合物为光电转换材料开发的一种性能更为优越的有机太阳能电池。

由于太阳光谱很宽，从近红外线到红外线再到紫外线，单一的太阳能电池成分不可能将太阳能全部吸收，所以，通过新型塑料太阳能电池可涂覆多层的特点，使多层材料叠加让太阳能电池可以同时具有对不同波段光线的吸收能力。其中，某一层聚合物吸收可见光，另一层吸收红外光，而利用多层聚合物材料几乎可以吸收全波段的太阳光，这样可使塑料半导体对太阳能光的作用波段拓宽，最大地利用太阳能。例如：1986 年，Kodak 公司的 Tang 等就采用四羧基花生衍生物（Pv）和酞菁酮（CuPc）组成的双层膜异质结制备出太阳能电池，其光电转化效率达到了 1% 左右。1993 年，Sariciftci 等制成聚对亚苯基乙烯（PPV）/C_{60} 双层膜异质结太阳能电池。2012 年，Lu 等以聚咔唑共轭聚合物 PCDTBT 为光

电转换材料，这种材料类似油和水，共轭主链可发生相分离，产生双层结构，能更好地吸收利用太阳光，其转换效率达到了 7.2%。图 1-12 为聚合物太阳能电池结构示意，从图 1-12 可以看到：聚合物涂层不限于一种或两种聚合物半导体，甚至可以根据使用需要使用更多种聚合物半导体涂覆更多层，从而产生更大的光电转换效率。

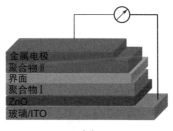

金属电极
聚合物 II
界面
聚合物 I
ZnO
玻璃/ITO

聚合物太阳能电池不仅具备有机太阳能电池的质轻柔性、制备简单、成本低的优点，同时还具备了比有机太阳能电池更多的优点，例如：更高的稳定性，更简单的制造工艺和更低

图 1-12　聚合物太阳能电池
结构示意

的成本等，因此，可以认为：聚合物太阳能电池是有机太阳能电池的升级版。

4. 钙钛矿太阳能电池

钙钛矿太阳能电池是近年发展最迅速的新型太阳能电池，它起源于染料敏化太阳能电池。由于太阳能电池效率一直是阻挡太阳能电池发展的壁垒，所以，人们在太阳能电池材料的研究中投入了巨大的精力，一直希望开发出一种效率更高、工艺更简单的新型半导体材料。传统的硅基太阳能电池虽然实现了产业化，有着较为成熟的市场，但其性价比远远达不到理想的程度，虽然目前已开始替代了部分火电，但若想成为主导能源，仍然存在高成本、投入回收周期长的问题，尤其在制造过程中对环境的严重污染和产生的巨大能耗等弊病，使人们一直希望开发出一种效率更高、成本更低的新型太阳能电池材料，特别是随着能源日益减

少、环境日益恶化、能源需求越来越大的趋势，研究和发展高效率、低成本的新型太阳能电池材料便成为科学家追求这一目标的原始动力。所有对新材料的渴望和追求，促使钙钛矿薄膜太阳能电池脱颖而出，成为新一代太阳能电池的关注热点，并被 *Science* 评选为 2013 年十大科学突破之一。

如前所述，钙钛矿薄膜太阳能电池的最大优点就是光电转换效率高，高达 16.2％，远远超过染料敏化太阳能电池的 3.8％，并且钙钛矿太阳能电池具有可以做成薄膜电池的优势。另外，其制备工艺简单，生产成本也低。这些同时满足了人们一直追求的高效率、低成本的愿望。而且钙钛矿太阳能电池的这些优点，随着研究的深入，渐渐使其成为硅太阳能电池的有力竞争者，因此，在未来能源结构中将占有重要的地位。

有关钙钛矿太阳能电池的基本常识如下所述。

（1）钙钛矿成分和特性

钙钛矿太阳能电池的核心是钙钛矿晶型，其组成为 ABX_3，是有机金属卤化物吸光材料。在 ABX_3 型结构的钙钛矿材料中，A 为甲氨基（CH_3NH_3—），B 为金属铅原子，X 为氯、溴、碘等卤素原子，如图 1-13 所示。

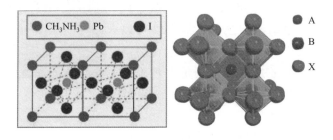

图 1-13　钙钛矿晶体结构[6]

在高效钙钛矿型太阳能电池中，最常见的钙钛矿材料就是碘化铅甲胺（$CH_3NH_3PbI_3$），其带隙约为 1.5eV，消光系数高。一般情况下，几百纳米厚的碘化铅甲胺薄膜就可以充分吸收波长 800nm 以下的太阳光，更难得的是这种材料制备简单，只需将含有 PbI_2 和 CH_3NH_3I 的溶液，在常温下通过旋涂法，就可在基材上涂覆而获得均匀的薄膜。钙钛矿材料的这些特性不仅使钙钛矿型结构的 $CH_3NH_3PbI_3$ 可以实现对可见光和部分近红外光的吸收，而且还可以使其产生的光生载流子不易复合，能量损失减小，进而促进钙钛矿型太阳能电池达到理想的高效率。

（2）钙钛矿太阳能电池结构

如图 1-14 所示，钙钛矿太阳能电池的基本结构为：衬底材料/导电玻璃/电子传输层（二氧化钛）/钙钛矿吸收层（空穴传输层）/金属阴极。从图 1-14 可看到：当入射光透过玻璃入射以后，能量大于禁带宽度的光子被吸收，产生激子，随后激子在钙钛矿吸收层分离，变为空穴和电子并分别注入传输材料中，其中，空穴注入是从钙钛矿材料进入到空穴传输材料中，电子注入是从钙钛矿材料进入到电子传输材料（通常为二氧化钛）中。

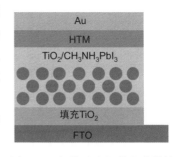

图 1-14　钙钛矿太阳能电池结构

钙钛矿一般有两类结构：介观结构和平面异质结结构。

介观结构是指微观结构与宏观结构之间的结构，但是纳米概念出现后，介观结构研究的尺寸范围属于纳米结构，其大小在 1～100nm。介观结构钙钛矿太阳能电池是在染料敏化太阳能电池（DSSCs）的基础上发展起来的，这种钙钛矿太阳能电池的结构和 DSSCs 的结构相似，即钙钛矿结构纳米晶附着在介孔结构的氧化物（如 TiO$_2$）骨架材料上，空穴传输材料沉积在其表面，三者共同作为空穴传输层。在这种结构中，介孔氧化物（TiO$_2$）既是骨架材料，也能起到传输电子的作用。平面异质结结构则将钙钛矿结构材料分离出来，夹在空穴传输材料和电子传输材料中间。激子在夹芯的钙钛矿材料中分离，这种材料则可同时传输空穴和电子，产生电流。

平面异质结结构，即多层不同材质的重叠结构，在此不再赘述。

如上所述，这种新型半导体材料的最大优点就是光电转换效率高，易于制造，原料价廉，满足了人们一直追求的高效率、低成本的目标。而从制造的角度看，钙钛矿太阳能电池，在分子尺度上，PbI$_2$ 和 CH$_3$NH$_3$I 能够通过自组装而迅速反应生成 CH$_3$NH$_3$PbI$_3$，因此无论是固相、液相还是气相，只要将两种原料充分混合，就可以得到所需的钙钛矿材料，大大降低了生产成本和资金投入门槛。

尽管钙钛矿制造太阳能电池具有超出其他光电转换材料的优点，但是目前依然存在以下三个问题：①吸光范围不如硅太阳能电池宽；②对水和一些溶剂敏感，导致稳定性差；③含铅，存在环境污染问题，以上三点严重影响了钙钛矿太阳能电池的发展速度。所以，如果能够研究开发出克服以上三个缺点的新型钙钛矿材料，并使之更快产业化，那么，其对太阳能电池产业发展的影响，将起着决定性作用。

（3）钙钛矿材料的研究进展

钙钛矿材料应用于太阳能电池后，相关的研究剧增，并取得了一定进展，这些研究包括了对材料结构的研究和改进以及对太阳能电池材料组成的研究和改进，包括设计新的类钙钛矿结构材料。例如：H. Snaith 等把多孔支架层 N 型半导体 TiO$_2$ 换成绝缘材料 Al$_2$O$_3$ 或者 ZrO$_2$，并用空穴传输材料组装成薄膜电池，实现了最高效率 15.9%，这几乎和经典的钙钛矿材料效率相当，这一结果也充分证明：这种钙钛矿材料 $CH_3NH_3PbI_3$ 本身具有良好的电子传导能力。另外，由于绝缘材料支架层的钙钛矿型太阳能电池，在原理上已经超越了传统的敏化电池概念，证明这是一种介观超结构的异质结型太阳能电池。进一步地，通过去掉绝缘的支架层，使用均匀的高质量钙钛矿薄膜，研究者们还制备出了平面型异质结电池，其效率也达到了 15.7%。同时，在没有空穴传输材料的情况下，钙钛矿与多孔 TiO_2 形成异质结电池，电池效率可达到 10.5%。在这种类似于胶体量子点太阳能电池的结构里，钙钛矿本身起到了吸光和空穴传输的双重作用。

后来，当有人把钙钛矿材料作为吸光层用于有机太阳能电池的结构中，用富勒烯衍生物 PCBM 作为电子传输层，PEDOT：PSS 作为空穴传输层时，也实现了 12% 以上的效率，很明显地，钙钛矿型太阳能电池的光电转换效率远远超过了传统的有机/聚合物太阳能电池的光电转换效率。

（4）钙钛矿太阳能电池的发展前景

钙钛矿材料在太阳能电池应用产生的效果，让人们看到了太阳能电池革命的曙光。众所周知，在现有技术基础上，进一步降低成本、提高效率和稳定性、推进其工业化，一直是太阳能电池发展的瓶颈和必然趋势，而钙钛矿太阳能电池的出现，为太阳能电池的发展提供了更美好的前景和更广阔的空间。

目前钙钛矿薄膜太阳能电池的发展除了基础材料研究的技术难点，在制造方面也仍面临着以下几个方面的挑战，主要是在材料的制备方面，首先面临的问题是：①廉价、稳定、环境友好的全光谱吸收钙钛矿材料的设计和开发；②高效、低成本空穴传输材料的制备；③多孔支架层的低温制备和柔性化。

制造工艺也影响着钙钛矿太阳能电池的发展，特别是可产业化的钙钛矿太阳能电池的生产制备工艺，也亟待人们去研究和开发。由此看出，钙钛矿太阳能电池虽然有诸多优点，是理想的新型太阳能电池，但是钙钛矿太阳能电池要实现实际应用的道路还很漫长，需要克服许多障碍才能实现，任重道远。

钙钛矿太阳能电池另一个优势是可把钙钛矿材料以薄膜的形式植入太阳能电池中，做成柔性薄膜太阳能电池。这表明钙钛矿太阳能电池还可以实现以卷对卷的方式进行规模化生产，可以大大提高钙钛矿太阳能电池的生产效率和降低生产成本。

以上种种，都为钙钛矿太阳能电池成为下一代替代矿物质能源提供了可能性，从而使钙钛矿太阳能电池成为被广泛使用的太阳能电池的可能性更大。

由于钙钛矿型太阳能电池同时拥有低成本和高效率两个重要特点，解决了因高成本和低效率一直困扰太阳能电池使用的问题，这些为太阳能电池的发展带来了新思路和巨大扩展空间。全固态钙钛矿型太阳能电池的异军突起，使太阳能电池在新能源领域迅猛发展，为太阳能电池的推广应用提供了更美好的发展前景。

5. 钙钛矿-硅复合太阳能电池

最近斯坦福大学 Michael McGehee 报道了他们通过在硅基底上生长钙钛矿，获得了效率为 23.6% 的电子器件。瑞士联邦理工的团队在 2017 年 7 月份也发表论文表明，他们也制备了一种结构较复杂的硅-钙钛矿串联结构太阳能电池，其效率可高达 25.2%。牛津大学的 Henry Snaith 提出：一些太阳能公司将要把钙钛矿运用到他们已经商业化的太阳能电池基板上，以获得更大光电转换效率的太阳能电池。这些结合新型材料、发展传统太阳能电池的研究进展，让我们有理由相信：未来总会有一天，新型的钙钛矿-硅复合材料太阳能电池将会完全替代硅太阳能电池市场，使人类对太阳能的利用进入新的里程。

（二）按结构分类

随着太阳能电池的发展，新的半导体材料的开发和应用，以及材料光电转换性能方面材料本身性质的限制，人们研究开发的重点开始转向对太阳能电池结构的调整，以达到太阳能利用最大化的目的。前面的背板电极硅电池就是对太阳能电池结构改善的一种。从结构上分，太阳能电池可分为以下两种。

1. 薄膜太阳能电池

薄膜太阳能电池也被称为第二代太阳能电池，与第一代传统的硅太阳能电池比较，区别在于薄膜太阳能电池的半导体材料为薄膜状，其制作方法为：在塑胶、玻璃或金属等廉价的基板上涂布上一层极薄的半导体光电转换材料，然后用玻璃或透明聚合物封装形成薄膜太阳能电池。

由于薄膜太阳能电池的膜厚度仅有几微米，所以在相同受光面积条件下，薄膜太阳能电池所使用的半导体光电转换材料用量远远少于传统的晶硅太阳能电池，这一点为降低太阳能电池成本提供了一个巨大的发展空间。

对于薄膜太阳能电池，可使用的半导体光电转换材料有很多种，几乎囊括了所有的半导体材料，包括无机材料、有机小分子材料、高分子材料以及金属复合材料和无机-有机杂化材料，包括纳米材料、量子材料等。目前已研究和应用的薄膜太阳能电池材料就有：非晶硅、CdTe（碲化镉）、CIS（铜铟硒）和 CIGS（铜铟镓硒）等无机半导体材料，也有有机半导体、染料敏化半导体、钙钛矿材料以及这些材料的复合材料等。随着半导体材料的研究进展，将会有更多品种和类型、效率更高的半导体材料应用于薄膜太阳能电池。

众所周知，每一代新型太阳能电池的出现，都是因为改进了原有太阳能电池的局限性和缺点而产生的，其改善目标不外乎两大因素：太阳能电池成本和光电转换效率。而太阳能电池发展的核心也是改进这两大因素。而使用薄膜太阳能电池，则可以极大地降低太阳能电池成本。通过制造叠层太阳能电池还可以拓宽半导体吸收光谱，最大地利用太阳能，以获得最大的太阳能电池效率。除此之外，薄膜太阳能电池还具有品种灵活、形式多样等优点，这些都为太阳能电池的更新换代带来巨大的产业动力。

图 1-15 是三层薄膜太阳能电池的太阳光谱吸收曲线，从图 1-15 可以看到：三层薄膜太阳能电池对太阳能光谱的吸收曲线在 300～900nm 范围内都很高，尤其是出现了吸收叠加，与单层比较，三层叠加的半导体对太阳能的吸收率明显提高，图中白色部分为三层叠加之后的太阳能光谱吸收曲线，叠加后的半导体吸收曲线明显表明：多层太阳能电池对太阳能的吸收利用远远高于单层太阳能电池。

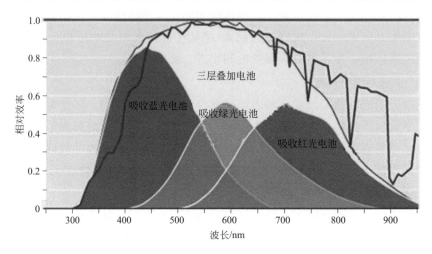

图 1-15　三层薄膜太阳能电池的太阳光谱吸收曲线[7]

薄膜太阳能电池发展是在半导体材料的进步中逐步跟进的，太阳能电池的半导体材料部分和结构是改进太阳能电池成本与效率的关键部分，克服旧有材料的缺点和极限，开发新的半导体，是太阳能电池不断进步的动力，例如：非晶硅电池的不稳定、光致衰退和光电转换效率低，导致碲化镉薄膜电池的出现，其效率从 10％提高到 17％。镉有毒、严重污染环境，造就了铜基化合物薄膜太阳能电池的出现，目前铜铟镓太阳能电池效率已经达到 20.1％，太阳能电池组件效率达到 16％。染料敏化太阳能电池（DSSCs）是最近 20 年来发展最快的太阳能电池，其得益于快速发展的纳米技术，染料敏化薄膜太阳能电池的理论转换效率高达 33％，而最近的钙钛矿-硅叠加薄膜太阳能电池的光电转换效率则已达到 40％，这些数据标志了发展中的太阳能电池技术的进步和趋势。

2. 聚光太阳能电池

聚光太阳能电池是另一种极其有效的结构型太阳能电池，如图 1-16 所示。这种太阳能电池结构由聚光器、太阳能电池、自动跟踪系统、散热组件等组成。

聚光太阳能电池的特点是：聚光太阳能电池通过面板的特殊光学结构并利用跟踪器，根据太阳的运动而转向变化，始终将太阳光线聚集在半导体光电转换材料上，用以提高太阳能电池的发电效率。由于阳光的强度和方向是不停变化的，可转动的阳光聚光器可以把较强的光都聚集到较小的区域内，减少了昂贵的半导体用量。同时，阳光跟踪系统可以保证阳光直射到半导体表面，增大阳光的入射效率，加倍地放大太阳能的电能输出。为保证负载正常工作，聚光太阳能电池体系加入了功率调整部分。为保证无光时的供电，加入的能量储存部分保证了输出电量的稳定性。其电池结构和实际产品如图 1-16 所示，电池表面的封装玻璃为菲涅尔透镜，可以将太阳光聚集在半导体材料上，强化了太阳光的辐射，其组件结构如图 1-16(b) 所示，组件结构由菲涅尔透镜、二次聚光器、接收器和散热装置组成。

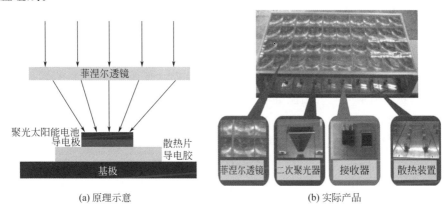

(a) 原理示意　　　　　　　　　　　　　(b) 实际产品

图 1-16　聚光太阳能电池工作原理和实际产品

聚光太阳能电池是一个综合体系，这种结构的太阳能电池是根据光学原理，利用聚光器将分散的太阳能量汇聚到面积不大的太阳能电池上，从而数倍地提高单位面积接收到的太阳能辐射量，然后通过太阳能电池的光生伏特效应把太阳光能转化为电能，以成倍地提高太阳能电池发电效率的结构型太阳能电池。

根据聚光器跟踪太阳的方式，可将聚光发电分为槽式、菲涅尔反射式、碟式等几类聚光系统，其结构如图 1-17～图 1-19 所示。

图 1-17　槽式聚光太阳能电池[8,9]

相比于晶体硅和薄膜太阳能电池，同等发电量的前提下，聚光光伏发电的太阳能电池有如下优势：①占地面积小；②半导体材料的用量少；③发电效率高；④发电稳定性好。

图 1-18 菲涅尔反射式聚光太阳能电池[10]

图 1-19 碟式聚光太阳能电池[11]

目前，聚光太阳能电池已成为太阳能光伏发电新的增长热点。例如，2009年 Spectrolab 公司就运用高倍聚光技术，为地面光伏发电技术应用，开发出了效率高达 41.6%（AM1.5D）的高效聚光 GaInP/GaAs/Ge 三结太阳能电池。同时，Solar Junction 公司使用 MBE 外延生长技术，开发出了 GaInP/InGaAs/In-GaNAs/Ge 四结太阳能电池，达到了目前世界上太阳能电池最高的转换效率，即：400～600 倍聚光下太阳能电池的转换效率高达 43.5%。

也有报道指出，2013 年 6 月 14 日，日本太阳能电池龙头企业夏普（Sharp）公司宣布，已研发出转换效率高达 44.4% 的太阳能电池，这一结果刷新了当时的全球最高转换效率纪录。他们采用三结化合物半导体用于聚光太阳能电池，并把这种太阳能电池用于透镜聚光系统之中，获得超高的太阳能电池转换效率，创下世界纪录，并被德国弗劳恩霍夫太阳能系统（ISE）研究所证实。

3. 漏斗式太阳能电池

漏斗式太阳能电池是另一种结构型的太阳能电池，是一种新型聚光太阳能电池。

如图 1-20 所示，漏斗式太阳能电池的原理是将太阳能光线在漏斗结构中不断折射，提高同一束太阳能光的发电量，据报道，这种结构的太阳能电池已可使

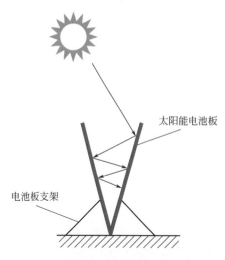

图 1-20 漏斗式太阳能电池示意

太阳能电池效率达到 60%。

这种太阳能电池的优点是：无需太大、太多，仅在一个小型的太阳能电池上就能获得足够的能量，占地面积小，随意性强，能随时随地机动灵活地利用太阳能。

德国布伦瑞克大学（University of Braunschweig）发明了漏斗式太阳能电池，他们把染料制成各种随机取向的状态，可吸收来自任何角度的太阳能光，把

来自不同方向的太阳能光聚集在面向单一方向的太阳能板上，并将不同波长的光堆叠起来，使整个光谱转换成电能，其工作原理如图 1-21 所示。在这种电池的聚光过程中，只有 10％的光损失。其研究表明：高达 99％的太阳能光都被吸收，其光量子效率达到 80％。进一步的研究表明：用价格低廉、用途广泛的材料就可以制成这种高效简易的太阳能电池。

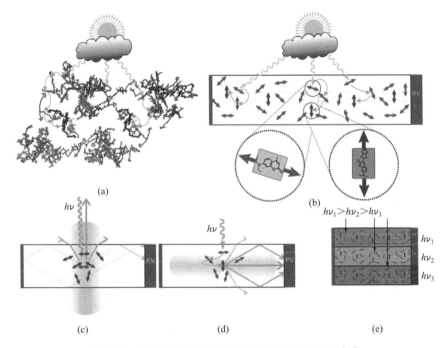

图 1-21　材料随机取向的漏斗式太阳能电池示意[12]

随着太阳能电池技术的发展，人们一直在致力于用各种方法提高太阳能电池的光电转换效率，相信将来还会有更新结构的太阳能电池出现。

第三节　太阳能电池的工作原理与核心技术

一、太阳能电池的工作原理

太阳能电池也称为光伏电池（photovoltic cell），其工作原理如图 1-22 所示。当光照射到半导体时，半导体吸收光能产生电子，半导体光生电子产生电流，电流通过负载输出形成了回路发电，达到把光能转换成电能提供发电的目的。

太阳能电池的光电转换过程如图 1-23 所示：当光照到半导体时，半导体内的电子接收光子的能量，发生跃迁，由价带进入导带。光子的能量为 $E = h\nu$，其中 h 为普朗克常量，ν 为光子的频率。当光子的能量大于禁带宽度时，电子吸收光子，形成一个电子与一个空穴。即吸收光—产生电子/空穴—输出电子/空穴—电能输出，如图 1-23 所示。

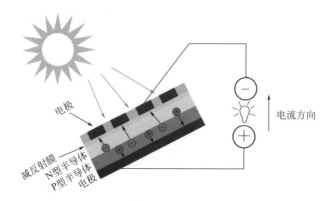

图 1-22　太阳能电池的工作原理

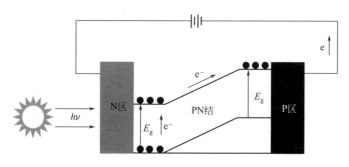

图 1-23　太阳能电池的光电转换过程

当光照射到半导体表面时，如果光子能量较小，是不会被半导体吸收的，只有光子能量大于带隙宽度的能量，光子才能被吸收。

对一些半导体而言，光子进入半导体很短的距离后即被完全吸收，这类半导体称为直接带隙半导体；对另一些半导体，光子进入较长距离后才能被完全吸收，称为间接带隙半导体。

照射在半导体的光子数量多，产生的电子也多，因此，半导体表面吸收的光能大，产生的电流也大。

为增大射入半导体内的光子量，产生更多的电子，必须减少半导体表面的反射，提高半导体对太阳能的吸收，这也是提高光电转换效率的一种必要条件。为此，常常采用的方法是在半导体表面加一层减反射膜或通过制绒在半导体表面制造一层减反射膜，例如，在单晶硅表面刻蚀出金字塔结构以便在其表面获得减反射效果，这样的结果是可以将单晶硅表面反射率从 30％减少到 15％左右，可以明显地提高太阳能电池的发电效率，特别是太阳能电池的累计发电量。还有另一种方法，就是在单晶硅太阳能电池表面涂一层减反射膜，达到减反射的效果，这种方法也是后来大多数太阳能电池组件最常用的方法。而且，使用涂覆减反射膜的方法，使减反射膜效果具有更大的提高空间。

为了制造"薄膜"太阳能电池，需要光子在很短的距离内被吸收，显然，此时直接带隙半导体太阳能电池主要用于聚光太阳能电池。

了解太阳能电池的工作原理后，一般设计太阳能电池时，首先考虑的是电池效率。

太阳能电池效率的计算公式如下：

$$\eta = (V_{oc} I_{sc} FF)/P_i \tag{1-2}$$

式中，V_{oc} 为开路电压，即负载开路时电池的电压；I_{sc} 为短路电流；FF 为填充因子，这是人为定义的一个参数，其与开路电压有关；P_i 为太阳光的入射总功率。图 1-24 显示了太阳能电池的发电状态曲线——伏安曲线，伏安曲线是表达太阳能电池发电时的电流与电压的一种关系状态。通过伏安曲线，我们可以了解以下信息：①太阳能电池工作时的电流-电压关系；②太阳能电池的输出功率；③开路电压和短路电流大小等。通过图 1-24，我们可以直观地了解太阳能电池的工作状态和相关参数，还可以用于设计或改进太阳能电池。

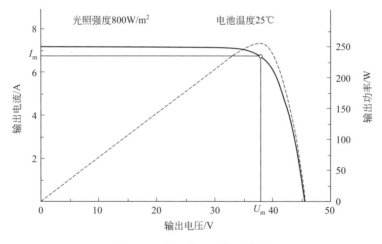

图 1-24　太阳能电池伏安曲线

一般来说，实际工作的单晶硅太阳能电池效率介于 12%～17%。太阳能电池的光电转换效率是由电池的设计和材料的参数决定的，式(1-2) 为太阳能电池设计提供了理论基础。实际在太阳能电池设计时，还会考虑生产成本、工艺可实现性等许多综合问题。

二、太阳能电池的核心技术

在太阳能电池使用中，无论太阳能电池外部结构如何变化，半导体材料才是太阳能电池的核心部分。在太阳能电池中，使用哪种半导体材料直接影响着太阳能电池的效率和成本。因此，太阳能电池的核心即半导体材料，太阳能电池的核心技术即半导体技术，包括：半导体组成、结构、制造工艺和组装结构等。同理，太阳能电池的结构也影响发电效率，但必须在半导体材料的基础之上，因此，不是核心技术，只是辅助技术。

在半导体光电转换材料应用于太阳能电池时，影响太阳能电池效率的因素有很多，其中包括：半导体的吸收带宽度、使用温度、光子复合寿命、入射光强度、光的反射程度等。但影响太阳能电池效率的核心问题仍然是半导体材料本身的性质。所以，太阳能电池的发展一直围绕着半导体材料的研究进行，从晶体硅到现在的钙钛矿，无一不是对半导体材料进行设计、研究和改进。

（一）半导体的选择

在实际的测试结果中可以看到：半导体的禁带宽度 E_g 影响着太阳能电池的开路电压 V_{oc} 和短路电流 I_{sc}，并且 V_{oc} 会随着 E_g 的增大而增大，但同时 I_{sc} 随着 E_g 的增大而减小。从式(1-2)中我们知道：当 V_{oc} 和 I_{sc} 的乘积最大时，太阳能电池的效率值最大。因此，在选择半导体时，必须选择一个最合适的 E_g，以使 V_{oc} 和 I_{sc} 的乘积最大。由于随温度增加，太阳能电池效率会下降，高温影响了电池的效率，所以，太阳能电池不适合在较高的温度下工作。或者未来人们可以开发一种可以在高温下工作正常的半导体材料。半导体材料包括无机半导体和有机半导体材料，目前的研究表明：有机半导体组装的太阳能电池，发电性能受温度的影响较小。

选择半导体时，希望载流子的复合寿命越长越好，这样才能使 I_{sc} 较大，而实际达到场寿命的关键，是在材料的制备和电池的生产过程中避免形成复合中心影响半导体光电转换效率。

一般情况下，太阳能电池最大可利用电流为 $60\%\sim90\%$。如果太阳能电池用禁带宽度（E_g）较小的材料做成，则短路电流较大。合理的制造工艺及合适的电池设计，因载流子复合最小，也能使短路电流提高。太阳能电池若用 E_g 大的材料做成，则具有较大的开路电压。且通常开路电压较大时，填充因子也较大，转换效率较大。对于无机半导体材料，光电转换效率随着光强的增大而增大，随温度的增大而减小。综上所述，影响太阳能电池光电效率的因素很多，因此，抓住主要影响因素才是关键。

理论和研究经验表明：E_g 值介于 $1.2\sim1.6eV$ 之间的半导体材料做成的太阳能电池，其发电效果最好，可达到最大的光电转换效率，所以，设计、开发新型半导体材料才是提高太阳能电池效率的关键。

（二）半导体的加工

在半导体加工过程中，适当并经常进行工艺处理，可以使半导体的复合中心移走，因而延长载流子寿命，紫外密集的光强能增加电池的效率，这也是聚焦太阳能电池的设计依据。半导体表面存在很大的光反射，使得光线不能全部进入半导体中。实际工作中，一般采用涂一层增透膜来增大光线的透射，减少反射，使更多的太阳光被半导体吸收。

总而言之，对于太阳能电池，为获取较高效率，希望有较大的短路电流、较高的开路电压和更大的填充因子。那么，通过分析短路电流和开路电压，通过设计，可以使太阳能电池达到电池效率最大化。常用的分析短路电流最方便的方法就是将太阳光谱划分成许多段，每一段只有很窄的波长范围，并找出每一段光谱所对应的电流。而电池的总短路电流是全部光谱段贡献的总和。开路电压的测试则通过选择半导体材料的 E_g 来确定。

第四节　半导体与太阳能电池效率

太阳能电池的效率主要取决于光电转换材料的性质，即半导体的性质决定太阳能电池的效率。太阳能电池的核心是半导体，研究开发光电转换效率高的半导体将对太阳能电池的发展起着决定性作用，所以提高太阳能电池效率最根本的问题是解决半导体材料的技术问题。

一、半导体的性质和结构

半导体是指电导率介于 $10^{-4} \sim 10^4 /(S/cm)$ 之间的固体材料，纯净的半导体为本征半导体。无机半导体的特性之一就是对温度敏感，半导体的电导率随温度升高急剧增大。

对于无机半导体，改善半导体特性的最有效方法是掺杂，掺杂的半导体分为两种，即 N 型半导体和 P 型半导体。N 型半导体指掺杂三价杂质的半导体，其在光电转换中表现为增加半导体材料的空穴数量，P 型半导体指掺杂五价杂质的半导体，其在光电转换中表现为增加半导体材料的电子数量。

可用于太阳能电池的半导体材料可以是单质，如单晶硅、多晶硅，也可以是化合物，如硫化镉、氧化锌、氧化钛等，或者合金，如 CIS 等。

半导体的原子结构特征是存在特定的禁带宽度，每一种半导体都有一个禁带宽度 E_g，禁带宽度是表征电子脱离核束缚所需要的最小能量值，即半导体的禁带宽度决定了太阳能的光电转换效率，因此，发现、制造禁带宽度合适太阳能电池光电转换效率最大化的半导体材料，一直是科学家们努力的目标。

如表 1-1 所示，半导体的禁带宽度为 $0 \sim 5.0 eV$，但并不是所有的半导体都可以利用，对于太阳能电池所要求的长期稳定、易于使用、低成本等要求，只有具备以下性质的半导体才能应用于太阳能电池，即禁带宽度小、物理化学性能稳定、原料易得、价格合适。

表 1-1　半导体禁带宽度一览表（E_g）[13]　　　　　　　　　单位：eV

半导体	E_g	半导体	E_g	半导体	E_g
Ag_2O	1.2	$PbFe_{12}O_{19}$	2.3	ZnS_2	2.7
$BaTiO_3$	3.3	Pr_2O_3	3.9	ZrS_2	1.82
CdO	2.2	Sm_2O_3	4.4	V_2O_5	2.8
Ce_2O_3	2.4	SnO_2	3.5	Yb_2O_3	4.9
$CoTiO_3$	2.25	Ta_2O_5	4	ZnO	3.2
CuO	1.7	TiO_2	3.2	ZrO_2	5
$CuTiO_3$	2.99	La_2S_3	2.91	$AgAsS_2$	1.95
Fe_2O_3	2.2	MnS_2	0.5	As_2S_3	2.5
$FeOOH$	2.6	Nd_2S_3	2.7	Ce_2S_3	2.1
Ga_2O_3	4.8	NiS_2	0.3	CoS_2	0
$Hg_2Nb_2O_7$	1.8	PbS	0.37	CuS	0
In_2O_3	2.8	$Pb_2As_2S_5$	1.39	CuS_2	0
$KTaO_3$	3.5	$Pb_5Sn_3Sb_2S_{14}$	0.65	$CuFeS_2$	0.35
$LaTi_2O_7$	4	PtS_2	0.95	$CuInS_2$	1.5
$LiTaO_3$	4	RuS_2	1.38	Dy_2S_3	2.85
MnO	3.6	Sm_2S_3	2.6	FeS_2	0.95
$MnTiO_3$	3.1	SnS_2	2.1	$FeAsS$	0.2
Nd_2O_3	4.7	TiS_2	0.7	HfS_2	1.13
$NiTiO_3$	2.18	WS_2	1.35	$HgSb_4S_8$	1.68

而常见的半导体价带、带边和禁带宽度如图 1-25 所示。

作为太阳能电池材料，一般选择禁带宽度在 1.0～2.0eV 的半导体材料，或设计禁带宽度在这一区间的复合半导体材料。目前，用于太阳能电池的小分子有机化合物和高分子聚合物的材料设计，也借鉴了无机半导体材料的禁带宽度为基础的经验。

二、半导体材料的吸收曲线

如前所述，太阳能电池的光电转换材料为半导体材料，目前已开发的有单晶硅、多晶硅、GaAs、CdTe、CIS、有机小分子、聚合物、染料敏化纳米 TiO_2、钙钛矿等电池。在此基础上，进行了无机-有机材料的杂化或复合获得了太阳能转换效率更高的太阳能电池，例如：在硅基材料上再镀一层钙钛矿薄膜获得的太阳能电池，其转化率可以从 10% 提高到 40%。

由于不同半导体材料对太阳光的吸收位置和吸收程度都不同，所产生的太阳能转换率差别很大。图 1-26 为几种无机材料对太阳光的吸收曲线，从图 1-26 可

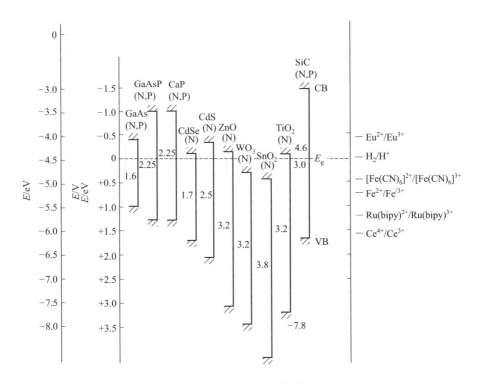

图 1-25　一些半导体的价带、带边和禁带宽度[14]（水溶液电解质，pH＝1）

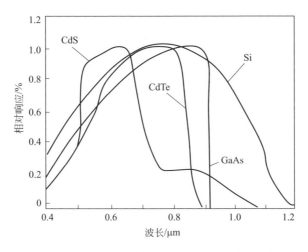

图 1-26　几种无机材料对太阳光的吸收曲线[15]

见到：晶体硅吸收波长范围在 400～1200nm，其吸收峰值在 950nm 左右。所以对于晶体硅太阳能电池，其封装玻璃的最大透过率尽量在 950nm 周围。如果封装玻璃的透过曲线与半导体材料的吸收曲线相吻合，那么，这种太阳能电池的太阳能光利用率最大，因此太阳能电池的光电转换效率也最高，甚至可以达到一种理想的状态。从图 1-26 可以看到，GaAs 的吸收波长范围最大到 910nm，只达到太阳能光谱宽度的 60% 左右，除了 Si 以外，其他几种半导体也都有一定程度波长范围的限制，特别是 CdS 的吸收波长仅在 500～700nm，因而其对太阳光的利用是极其有限的。由此可见，综合半导体的吸收曲线特点，采用不同半导体组成的太阳能电池，才能获得最大的太阳能电池效率。所以，开发更宽吸收曲线的半导体光电转换材料，一直是太阳能电池材料研究者们的终极追求。

三、光电转换效率

对于太阳能电池而言，最重要的参数是光电转换效率。而光电效率的影响因素有很多，例如：半导体材料的性质、封装玻璃透过率的匹配、玻璃表面的减反射效果等，这些因素都直接影响着太阳能电池的效率。

已知的在实验室所研发的硅基太阳能电池中，单晶硅电池效率为 25.0%，多晶硅电池效率为 20.4%，CIGS 薄膜电池效率达 19.6%，CdTe 薄膜电池效率达 16.7%，非晶硅（无定形硅）薄膜电池的效率为 10.1%，改进的硅-钙钛矿太阳能电池效率最高可达到 40%，但实际应用中效率都要低于实验室水平。

从图 1-26 中可以看到：硅材料的吸收光谱范围最宽，是最早开发的太阳能电池半导体。由于单晶硅太阳能电池性能稳定、技术成熟，这类太阳能电池占使用中的太阳能电池大约 20%。而多晶硅因材料制造简便，电耗小，生产成本较低，占太阳能电池市场份额 55% 以上。但是，多晶硅仍存在以下缺点：不仅转换效率低于单晶硅太阳能电池，其效率和使用寿命也低，同时由于受非晶硅层、透明导电膜和表面电极等的影响，多晶硅太阳能电池因有部分太阳光被遮挡，电流值很难提高。有报道表明，世界上著名的松下太阳能公司多晶硅量产单元的转换效率已提高到 21.6%，而 SunPower 已经在量产的情况下转换效率达到 24.2%。

据 Tech Xplore 网站 2017 年 3 月 21 日报道，日本钟渊化学工业株式会社光伏与薄膜设备研究所（Photovoltaic & Thin Film Device Research Laboratories, Kaneka Corporation）的研究人员，已经突破了硅基太阳能电池光电转化效率的现有纪录，生产出一种太阳能电池。经过试验，光电转化效率可达到 26.3%，与其之前保持的纪录相比较提高了 0.7%。此项研究成果于 2017 年 3 月 20 日在"自然能源"（Nature Energy）杂志网站发表。

目前商用的太阳能电池板将太阳能转化为电能的效率都不足 25%。有报道指出：美国国防部高级研究计划局（DARPA）正在进行的"超高效太阳能电池（VHESC）"研发项目或许可以让人们得到转换效率高达 40% 甚至更高的太阳能电池。

第五节　太阳能电池的应用和发展趋势

由于太阳能电池具备重量轻、性能稳定、光电转换效率高、使用寿命长、可在不同复杂苛刻环境下使用等优点，被广泛用于太空、山野和沙漠等一般普通电源无法到达的地方。特别是在极端条件下的应用，像海上平台、高山测试等，这种火力电源很难接入的地方，太阳能电池都发挥了其作用。

近年来，随着太阳能电池材料研究的不断更新发展，太阳能电池的制造技术不断完善提高，太阳能电池效率不断提高和成本不断降低，使太阳能电池使用的空间不断扩大，尤其在替代以石化能源为基础的火电能源方面，太阳能发电站的建立和使用数量急剧增长，仅在中国太阳能电站的装机容量就从 2001 年的 23.5MW、2010 年的 8GW 迅速增加到 2017 年 12 月的 18.3GW，到 2018 年 10 月已飞速达到 160GW。预计未来三年，全球太阳能电池的利用和太阳能电站的建设速度将更快，发电规模更大。

当前，太阳能电池不仅用于宇宙空间开发、航空领域，而且已经广泛应用于通信、交通、公共设施、石油、海洋、气象等领域，渐渐扩展到常规发电和日常生活中，成为一代新能源的主流。

太阳能电池的应用主要有以下几方面。

一、空间飞行器

这是最早应用太阳能电池的领域，例如，早在 1958 年，美国的"先锋一号"人造卫星就使用了太阳能电池作为电源，成为世界上第一个使用太阳能供电的卫星，图 1-27 为神舟十一号飞船上的太阳能"翅膀"。

图 1-27　神舟十一号飞船上的太阳能"翅膀"[16]

二、建筑

太阳能电池应用的发展是与建筑一体化（building integret PV，BIPV），太阳能电池建筑一体化是将太阳能电池作为建筑材料安装在建筑上。在此，太阳能电池可作为装饰的窗户、外墙、屋顶等应用于建筑上，同时为所结合的建筑提供能源，诸如：照明、空调、热水等的供电，即与建筑一起，形成绿色的一体化能源系统，这些一体化的建筑可以是高层建筑、学校、体育场馆等，太阳能建筑一体化是未来绿色能源广泛应用的方向，随着太阳能建筑一体化的发展，太阳能电池不仅为所在建筑提供能源，还可能向其他地方提供能源，并对所在建筑提供装饰性，美化环境（图 1-28）。

图 1-28　太阳能板屋顶建筑（珠海兴业大厦）

在国家政策引导、市场需求的条件下，这种光伏建筑一体化的建筑渐渐被称为常态化建筑，2018 年年初，美国加利福尼亚州政府就颁布公告，从 2018 年 6 月起，将推行太阳能电池板在屋顶的应用，强令每一户家庭都进行太阳能电池安装计划。

三、交通

太阳能电池最大的特点是使用方便，既可以小型分散使用，无需运送电力所需要的长途电线，也可以集中使用，特别适用于野外或作为独立电源的地方。交通信号所需能源不大，独立性强，太阳能电池可以最好地解决这些问题，如海上航标灯、铁路信号灯、交通路口指示灯、路灯、高空障碍灯等，另外高速公路或者铁路无线电话亭以及无人值守的道班供电等也可以用太阳能电池解决（图 1-29）。

图 1-29　太阳能电池与风电组成的路灯[17]　　　图 1-30　野外使用的太阳能帐篷[18]

四、通信

太阳能电池在通信系统使用得更为广泛，尤其是野外的无人值守微波中继站、光缆维护站、广播/通信/寻呼电源系统；农村载波电话光伏系统、小型通信机、士兵GPS等都可以用太阳能电池解决电源问题（图1-30）。

五、石油、海洋、气象

对于独立需要电源的海上作业，太阳能电池可以用于石油钻井平台生活及应急电源、海洋检测设备维持。同时应用于气象/水文观测设备等石油管道和水库闸门阴极保护等电源系统。更有用于海上运输的太阳能动力船等（图1-31）。

图 1-31　悉尼海上太阳能渡轮[19]

六、发电系统

太阳能电站是目前逐渐替代石化能源的火电系统的新能源发展方向。太阳能电站是一个集中完整的发电系统，它包括了太阳能电池阵列、蓄电池、电源控制器、DC/AC逆变器、输配电、低压送电网及交直流负载等部分，组成一个独立的发电系统。

当今世界上，太阳能电站的容量在逐步扩大，从兆瓦（MW）到吉瓦（GW），装机容量在不断地增长。早在20世纪90年代，德国慕尼黑新的世界贸易中心房顶光伏发电系统容量为1MW，已成为德国人引以为傲的现代建筑之一。但到2017年，我国山东东营最大的屋顶分布式光伏电站达到17.7MW，而到2018年，装机容量吉瓦（GW）已是常态。

根据欧洲太阳能能源（Solar Power Europe）发布的一份对光伏行业进行综述的报告表明：预计太阳能热潮将会持续升温，每年新上线的太阳能系统数量也会稳步攀升。2015年为50GW，2016年增加了77GW，2017年全球太阳能发电量增加81GW。10年前，这个数字只有1GW，按照目前的发展速度，预计到2021年将增加3倍。

随着美国、日本、欧洲共同体等国家纷纷出台新的"房顶计划""阳光计划"等，蔓延到整个国际社会，各国的太阳能领域发展迅速。而在中国，虽然经过早期太阳能电池向国外输出然后遭到封杀的过程，又经过 2009 年的低谷，但中国政府一直在支持和大力推广太阳能能源，近年来中国太阳能产业再次起步，迅猛发展，建立了大量的太阳能电站，有超过欧美的趋势，特别是 2017 年以来，中国的太阳能能源发展，其总量已经占据了世界总量的一半以上。

中国市场是太阳能发电的强大驱动力之一。仅 2016 年，全球约有 45％的新建太阳能装置都在中国落成。美国、日本、印度太阳能发电技术先进，但中国的市场容量却远远超过世界任何一个国家。

太阳能能源的发展渐渐向中国倾斜，曾被认为是太阳能发电领导者的德国，在 2016 年，仅占全球太阳能市场总容量的 2％以下。2015 年首度让位于中国。2012 年，有超过一半的太阳能系统安装在欧洲，但在那之后整个欧洲开始减少了投入，并一路下行。中国的太阳能电池使用量却在一路增长，2017 年 12 月，中国的太阳能电池安装总量超过了 100GW，到 2018 年 7 月，已迅速增加到 130GW，到 2018 年 10 月为止实际装机容量 165GW。

太阳能电站蓬勃兴起，除了宏大的地面式太阳能发电站外，发散的分布式太阳能发电站、家庭屋顶及水上太阳能发电系统也在迅速展开，预计不久的将来，太阳能发电将会逐渐取代石化能源发电。

随着太阳能电池技术的研究进展，太阳能电池的发电成本将会低于常规能源成本，太阳能电池的发电容量将会成为电力能源的主力。

无论是从能源枯竭的角度，还是从环境的因素考虑，清洁的可再生能源——太阳能将是全球最为合理和有效的最大能源。

参　考　文　献

[1]　http：//image. so. com/v? src＝360baike ＿ sidepicmore＆q＝％E5％A4％AA％E9％98％B3％E7％BB％93％E6％9E％84＆correct＝％E5％A4％AA％E9％98％B3％E7％BB％93％E6％9E％84＆cmsid＝a03b7633d0566856cb671e96e24df628＆cmran＝0＆cmras＝0＆cn＝0＆gn＝0＆kn＝5＃multiple＝0＆gsrc＝1＆dataindex＝7＆id＝d7073fd28a1bf5e79578a58ab5694b26＆currsn＝0＆jdx＝7＆fsn＝65.

[2]　https：//baike. baidu. com/pic％E5％A4％AA％E9％98％B3％E5％85％89％E8％B0％B1/10956402/0/c995d143ad4bd1136d174f1b58afa40f4afb05c4fr＝lemma＆ct＝single＃aid＝0＆pic＝7a899e510fb30f240973562ec595d143ad4b0335.

[3]　https：//baike. so. com/doc/6117263-6330405. html.

[4]　https：//image. baidu. com/search/detail? ct＝503316480＆z＝0＆ipn＝d＆word＝太阳能光谱.

[5]　http：//www. nature. com/articles/nenergy201732＃auth-7.

[6]　http：//www. materialsviewschina. com/2014/04/钙钛矿太阳能电池的研究进展.

[7]　阳光工匠光伏网.

[8]　https：//image. baidu. com/search/detail? z＝0＆ipn＝d＆word＝高聚光太阳能电池照片.

［9］　https：//image. baidu. com/search/detail？ct＝503316480&z＝0&ipn＝d&word＝槽式聚光太阳能电池照片.

［10］　https：//image. baidu. com/search/detail？ct＝503316480&z＝0&ipn＝d&word.

［11］　https：//image. baidu. com/search/detail？z＝0&ipn＝&word＝高聚光太阳能电池照片.

［12］　http：//guangfu. bjx. com. cn/news/20180307/883953. shtml.

［13］　https：//wenku. baidu. com/view/229fab4ac950ad02de80d4d8d15abe23482f036f. html.

［14］　周公度. 结构与物性. 北京：高等教育出版社，2009.

［15］　贺庆国，胡文平，白凤莲，等. 有机太阳能电池. 北京：化学工业出版社，2011.

［16］　https：//image. baidu. com/search/detail？ct＝503316480&z＝0&ipn＝d&word＝神州十一.

［17］　https：//image. baidu. com/search/detail？ct＝503316480&z＝0&ipn＝d&word＝风电路灯.

［18］　https：//image. baidu. com/search/detail？ct＝503316480&z＝0&ipn＝d&word＝太阳能帐篷.

［19］　https：//image. baidu. com/search/detail？ct＝503316480&z＝0&ipn＝d&word＝太阳能轮渡.

第二章

太阳能玻璃及减反射膜应用

第一节　太阳能电池产业发展的瓶颈和改善途径

太阳能电池产业在全球迅猛发展，但太阳能电池的光电转换效率低和使用成本高一直是太阳能电池产业推广使用中的发展障碍，为了解决这两个问题，太阳能行业主要进行了以下几方面的工作。

一、开发新的半导体光电材料

半导体材料是太阳能电池的核心技术，太阳能电池的转换效率取决于半导体光电转换材料，由于每一种光电转换材料的性质决定了太阳能电池的光电转换能力，所以，材料性质决定了光电转换效率的局限性。因此，无论如何研究开发半导体光电转换材料，都有不能超出半导体材料性质本身的极限。为了提高太阳能电池光电转换效率，人们只能不断地改进已有的半导体和开发新的光电转换效率更高的半导体材料。

太阳能电池持续发展的过程，也是半导体不停开发的过程，随着材料科学的发展，新技术促使半导体材料的研究进展更加迅速，而新材料的开发和应用则推进着太阳能电池的进展，例如：近年的钙钛矿半导体材料，就是最典型的新型半导体材料，其研究成功后，一旦产业化将给太阳能电池产业带来巨大的变革。

二、改进电池结构组装方法

除了不断研究开发新的半导体光电材料之外，改善太阳能电池的制造工艺、半导体材料的复合模式、太阳能电池结构组装的方式等，也是提高太阳能电池性能、降低太阳能电池成本的有效途径。目前在太阳能电池使用中，已经实施的方式有很多实例，无论是结构型的聚光太阳能电池，还是材料复合或多层膜材料的方式，诸如多层薄膜太阳能电池等，以及背电极太阳能电池等，都是提高太阳能电池效率的有效方法和途径，但这些方式也有一定的极限。

三、提高太阳能玻璃和太阳能电池表面封装膜的透过率

所有与太阳能电池效率相关的因素中，太阳能光的利用率是对太阳能电池效率影响最大的关键问题之一，即太阳光在半导体材料表面的吸收效率决定着太阳能电池的发电量，而太阳能电池表面封装玻璃的透过率直接影响着半导体对太阳能的吸收值。如果减少太阳能玻璃或薄膜表面对太阳光的反射，则可以提高太阳能玻璃和薄膜的透过率，这是提高半导体对太阳能吸收的最简单、最明显的方法。比之于半导体开发和太阳能电池结构模式的改进，减少太阳能电池面板的反射率，其投入成本更低，对提高太阳能电池半导体材料的光电转换效率更容易。

在实际使用中，光线照射在太阳能电池板上的光量大小对太阳能电池光电转换极其明显，在太阳能电站可以观察到：在晴天，当太阳光照足时，输出的电量明显增加，一块云遮住太阳时，或者阴天太阳光线不足时，在监视器上显示的太阳能电池的输出电量明显变小，晴天和阴天太阳能电池的输出最大差别可达到几倍。在相同的天气，影响太阳能电池电量输出的最直接因素就是封装太阳能电池表面的透光率。

对于太阳能电池面板材料而言，都有一定的透过率，不同透明封装面板的透过率不同，有大有小，无论如何都不能达 100%。例如：硬性太阳能电池的封装材料为超白压花玻璃，一般透过率在 $91.5\%\sim92.5\%$。柔性太阳能电池封装材料为透明塑料膜，就材料本身而言，最大的透过率大约在 92%。这是因为玻璃和透明塑料膜的透过率大小都受材料的性质所限，无法达到理想的状态，使太阳光透过率达到 100%。一般情况下，4mm 普通钠钙玻璃的透过率是 85% 左右，目前广泛使用的超白高增透太阳能玻璃也仅有 92% 左右。因此，对太阳能玻璃的减反射处理是提高太阳能电池面板的透光率，即提高太阳能电池效率最直接有效的途径。

在已应用的太阳能电池中，传统方法主要是使用普通的平板玻璃作为封装材料，其 4mm 厚的普通玻璃透光率大约 85%。为了提高太阳能玻璃的透过率，在对平板玻璃进行低铁处理后，玻璃对光的吸收率大幅度降低，在铁含量最低时，玻璃的透过率达到吸收的最小极限，超低铁玻璃经过压花后，目前已有的国内外生产的厚度为 3.2mm 的超白压花玻璃产品，透过率为 92.5% 左右，压花的目的是减少平面玻璃表面的反射，特别是在可见光波长 550nm 之后的反光。但不可忽视的问题是太阳能封装玻璃表面的反射现象依然存在，仍有大约 8% 的太阳光因为玻璃表面的反射损失掉了。这些表明，有 8% 的太阳光没有被太阳能电池吸收，而被玻璃表面反射掉了，因此，减反射膜的可提高空间有 8% 之多。

研究表明：消除这 8% 明显损失掉的太阳能，使太阳能玻璃的透过率提高，是增加太阳能电池对太阳能的吸收率、有效提高太阳能电池效率的更有效的

出路。

在太阳能电池制造中，人们一直想尽办法通过不同方式改进太阳能电池表面对太阳光的透过率和降低反射率，但方法极其有限，不外乎两种，一种是在太阳能玻璃表面进行加工，另一种是在太阳能电池表面涂一层减反射膜。如：在硅基表面通过刻蚀技术获得减反射表面，或者镀一层减反射膜。这两种方法都能提高太阳能电池的吸收率，如果采用更为有效的镀减反射膜的太阳能电池封装玻璃，即高透过率的太阳能玻璃，可直接达到提高太阳能电池效率的目的。

目前来看，由于刻蚀技术可能产生的对环境的污染和生产中对技术稳定性要求，在提高太阳能电池减反射方面，人们尽量不使用刻蚀技术。别无选择地，涂层技术成为最为简单、经济、有效地提高太阳能玻璃透过率的方法。根据笔者的实验数据表明，提高太阳能电池封装玻璃透过率，对太阳能电池累计发电量的影响很大。笔者所做的减反射膜涂料应用于太阳能电池组件，在单晶硅太阳能电池组件上，经过半年的实地试验后，得到的测试结果是在提高太阳能玻璃透过率3.0%的情况下，可以使太阳能电池组件半年的累计发电量提高15%左右。

在传统的硬性太阳能电池生产和应用中，高透过减反射膜太阳能玻璃产业的发展，为太阳能电池的发展提供了强大的支撑。

第二节　太阳能玻璃的发展

众所周知，为了保护太阳能电池中的半导体不被腐蚀，太阳能电池都要进行封装，同时具有透明、耐老化、廉价易得优点的封装材料首选就是玻璃。

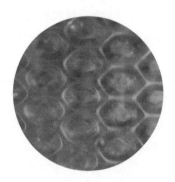

图 2-1　超白压花玻璃表面结构
（照片由吕林军先生提供）

在太阳能产业中，玻璃因其透明、耐老化、原料易得、价格低廉广泛地用于太阳能电池上作为封装材料，但传统的平板玻璃透过率一般在85%左右，除了玻璃表面对太阳能反射外，因为玻璃本身含有铁离子，对太阳光有一定的吸收，严重地影响了玻璃的透过率。为了提高太阳能电池的透过率，太阳能玻璃生产企业的研发重点首先放在降低玻璃吸收率上，通过对普通玻璃的除铁处理，不断研究改善生产工艺，将玻璃中的铁离子去除，获得了吸收率极低的高透过玻璃，并在玻璃表面设计制造压延出表面金字塔形结构，用以在玻璃表面形成漫反射，减少玻璃表面的反射，使玻璃整体透过率大大提高，最好的情况可以达到92%以上。如图2-1所示，这种表面具有金字塔形花纹的超低铁玻璃工业上称为超白压花玻璃，也被称为太阳能玻璃。压花玻璃表面的微观结构如图 2-1 所示，不同企业在宏观上有不同的花纹结构，但都是以金字塔为基本单元。金字塔结构通过光线的反复折射减少了光的损失，从而提高了光的透过率。

一、高透过率太阳能玻璃的开发和生产

生活中，我们常用的建筑玻璃叫普通玻璃，也叫浮法玻璃，普通玻璃为钙钠玻璃，一般有 3.2mm、4mm、6mm、8mm、10mm、12mm 等不同厚度规格，常用的太阳能封装玻璃厚度一般选用 3.2mm 或 4mm，这种玻璃透过率在 85% 左右，其主要成分如表 2-1 所示。

表 2-1　平板玻璃化学成分一览表（质量分数）[1]　　　　单位：%

化学成分	SiO_2	Al_2O_3	Fe_2O_3	CaO	MgO	$Na_2O(K_2O)$	SO_3
普通玻璃	71~73	1.5~2.0	<0.2	6.0~6.5	4.5	15	<0.3
浮法玻璃	71.5~72.5	<1.0	<0.1	8.0~9	4.0	14~14.5	<0.3

从表 2-1 可以看到：普通玻璃含铁量高于浮法玻璃。

理论上，玻璃在光照下，其光学性能符合以下公式：

$$透过率＋吸收率＋反射率＝1 \tag{2-1}$$

通过式(2-1)，可依据玻璃的反射率和吸收率计算出玻璃的透过率。

一般光线在介质表面的反射率取决于介质的折射率，普通钠钙玻璃的折射率为 1.52~1.54，其反射率大约 10%，所以，对于折射率确定的玻璃，其反射率是一个固定值。在式(2-1) 中，其他两项透过率和吸收率是互相制约的，如果要提高玻璃的透过率，必须减少玻璃的吸收率。降低玻璃吸收率的方法只有一种，减少玻璃中的吸收物质。从表 2-1 中玻璃所含元素看，铁是玻璃成分中唯一吸收光的组分。普通玻璃的铁离子含量小于 0.2%，浮法玻璃的铁含量小于 0.1%。所以，为了提高玻璃的透过率，只能通过降低玻璃中的铁含量达到提高玻璃的透过率。

如前所述，为减少玻璃对光的吸收率，在工艺许可的范围内，尽量将玻璃中可吸收光的成分去除，玻璃企业经过多年研究和试验，终于掌握了低铁玻璃技术，并生产出了含铁量极低的太阳能玻璃，也叫低铁玻璃，或者超白玻璃。如表 2-2 中，这种超白玻璃中总的铁含量控制在低于 0.06% 的水平，一般国外工厂甚至可控制在 0.03% 左右，国内太阳能玻璃厂现在也基本可到达这个范围。

目前全球的太阳能电池几乎全部都使用这种超白压花玻璃，常见的使用厚度规格为 3.2mm 或 4mm，其在可见光区的透过率已达到 91.5%~92.5%，平均为 92.0%。超白玻璃的化学组成见表 2-2。

表 2-2　国外低铁超白压花玻璃产品的组分[2]

化学成分/%	US20060249199(美国 Guardian 公司)		Solite®(近似)
	要求	实施例 1	
SiO_2	67～75	71.78	73
K_2O	—	0.28	—
Na_2O	10～20	13.59	14
CaO	5～15	9.23	8.7
MgO	—	4.07	3.9
总铁(用 Fe_2O_3 表示)	0.001～0.06	0.027	0.4
CeO	0～0.07	0	
Sb_2O_3	0.01～1.0	0.2	
Al_2O_3	—	0.59	
SO_3	—	0.416	0.4
TiO_2	—	0.012	
Cr_2O_3	—	0.0008	
玻璃氧化还原剂	—	0.04	

　　从表 2-2 可以看到 Fe_2O_3 的含量为 0.027%，远远低于浮法玻璃中 Fe_2O_3 的含量（0.1%）。

二、减反射膜技术的引入

　　尽管超白压花玻璃在可见光区的透过率已达到其材料极限 92%，但仍有约 8% 的太阳能损失，这些光能的损失在于玻璃表面仍存在着光的反射。为了利用这部分光能，人们引进了减反射技术。传统的减反射膜刻蚀技术已经很成熟，但由于环境保护等因素，使用的厂家有限。但减反射涂料镀膜技术却发展迅猛，并使这种技术快速地进入产业化。

　　图 2-2 展示了与普通玻璃比较，超白压花玻璃和镀膜超白压花玻璃的透过率

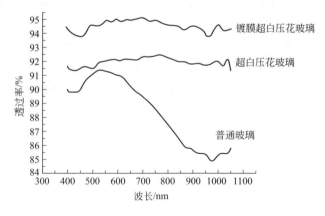

图 2-2　普通玻璃、超白压花玻璃和镀膜超白压花玻璃的透过率曲线

优势，从图 2-2 可以看到：压花玻璃的透过率曲线不受太阳能光波长的影响，其透过率基本是一条水平的曲线，说明在整个测试波段（400～1100nm）玻璃的透过率基本不变，维持一个稳定的数值，透过率曲线下的积分值远远大于平面未压花的玻璃，对太阳光的透过率增加极其明显，尤其在波长渐长的长波段。镀减反射膜的超白压花玻璃的透过率几乎和压花玻璃平行，透过率增加值没有明显波动，说明减反射膜只增加透过率，不受波长变化的影响。

减反射膜应用在太阳能玻璃后的实践结果表明：减反射膜的功能是可以明显减小太阳光在太阳能玻璃表面的反射，提高太阳能玻璃的透过率，这部分没有反射的太阳光透过了玻璃，到达半导体光电转换材料表面，明显提高了太阳能电池的光电转换效率，提高太阳能玻璃的透过率 2%，就可使太阳能电池的累积发电功率提高 10%，这种有效的结果对太阳能电站的输出电量增加是极其明显的，对太阳能电站生产效率的提高，激励人们努力去开发更好的减反射膜技术。

提高太阳能电池效率的同时，也为推进太阳能充分利用起到了巨大作用。目前市场几乎所有的太阳能电池都使用具有减反射膜的太阳能玻璃，大多数减反射膜可提高玻璃的透过率 2% 左右，即带有减反射膜的太阳能玻璃透过率可达到 94% 左右，这是一个明显的进步。但从 8% 的总反射率来看，减去 2% 的反射率，还有 5%～6% 的反射率，这是透过率的提升空间，这也是减反射技术的极限空间，但却表明太阳能玻璃的透过率还有发展的空间。

早期的太阳能电池组件，没有使用减反射膜玻璃，因此这些使用中的太阳能电池组件，存在的改进空间更大。

特别是近年来，逐渐建立和广泛使用的太阳能电站，在太阳能电站的运行维护中，发现了一个巨大的消耗成本的问题——太阳能电池的清洁。在使用过程中，太阳能电池表面的清洁状态影响了太阳能电池发电的发电量和输出功率的稳定性。严重的情况下，影响电量输出甚至达到 60% 以上。特别是干燥的灰尘沙石较大的地区，太阳能电池表面清洁所消耗的成本成为一个巨大的负担，解决这一问题已成为太阳能电站的当务之急。

如何让高透过率的玻璃保持表面不受诸如灰尘、油污、沙粒、苔藓等的污染，保持太阳能电池表面的清洁，维持太阳能电池输出电能的稳定性，也是目前太阳能电池使用中广泛存在的问题，这些为太阳能电池表面技术处理提出了新的课题。

因此，在太阳能电池的发展过程中，市场提出了使用具有附加功能减反射膜的需求，但从实际来看，目前太阳能玻璃生产厂家已使用的减反射膜，很少具有自清洁功能，更谈不到具有防重垢污染和防灰尘沙石的功能。

笔者研究和开发自清洁玻璃涂层技术十几年，并开发和研究了不同功能的自清洁涂料，在自清洁防灰减反射膜技术方面进行了一系列研究和应用。在已使用的防灰减反射膜的太阳能组件过程中，发现防灰减反射膜已反映出良好的使用效果，本书会在后面的章节逐步介绍有关自清洁减反射膜技术的内容。

第三节　减反射膜在太阳能电池中的应用

所有的太阳能电池，无论是传统的硅太阳能电池，还是先进的染料敏化太阳能电池，或者各种先进半导体光电转换材料的薄膜太阳能电池，大部分都是平板电池。其接受光照的太阳能电池面板表面都是由透明介质玻璃或者塑料进行封装的。由于这些封装材料存在折射率，使太阳能电池表面都存在着太阳光反射，即封装材料的透过率直接影响着太阳能电池对太阳能的吸收，导致太阳能电池的发电效率下降。

目前情况下，超白压花太阳能玻璃的透过率在 92.0% 左右，封装塑料膜（PC、PET 或 PVA 等）透过率在 90%～92% 这个区间，所以，无论是柔性还是硬性太阳能电池，其表面的反射率基本在 8% 左右，所以，太阳能电池因光反射导致的发电量损失占太阳能辐射到太阳能电池表面能量的 10% 左右，显而易见，在太阳能电池表面使用减反射技术是一个必需的手段。

根据笔者在太阳能电站实地测试考察的结果可以看到，随着太阳能光辐照到太阳能电池板表面强度的变化，太阳能电池输出功率随着太阳能光强度明显的变化，太阳能电池发电量对光强的反应很敏感，在同一并联太阳能电池组件中，电压相等时，对比有减反射膜的太阳能电池组件输入电流和没有减反射膜的对照组太阳能电池组件的输入电流之间的变化，明显显示出，有减反射膜的太阳能电池组件输入电流高于空白对照组。甚至，我们在现场监测器前，在给太阳能电池板组件涂覆减反射膜之后，马上可以看到发电量数据的明显变化。

一、太阳能电池减反射膜的研究进展和应用

减发射膜的研究和制造有较长的历史，早在 20 世纪 20 年代，德国人就用刻蚀技术获得了玻璃表面的减发射膜，但减反射膜功能应用于太阳能玻璃只是近十几年随着太阳能电池广泛应用开始的。

减反射膜，又称增透膜，它的主要功能是减少或消除透镜、棱镜、平面镜等光学表面的反射光，从而增加这些元件的透光量，减少或消除系统的杂散光。

1817 年，德国的物理学家 J. V. Fraunhofer 第一次用浓硫酸或硝酸侵蚀玻璃，获得了第一批减反射膜。但减反射膜的功能被发现，却是一个很偶然的机会，1892 年，德国人发现一块陈旧的透镜透过的光比新透镜还多，他经过研究发现：原来陈旧的透镜表面被氧化后形成了一层薄雾层，导致透镜透过率增加，这是有人第一次了解到减反射原理。直到 1935 年，才有人专门研制出真空蒸发

淀积的单层减反射膜，并在 10 年后的 1945 年将减反射膜镀制在眼镜片上。到了 1938 年，美国和欧洲分别研制出了双层减反射膜，但直到 1949 年才制造出优质的产品。一直到 1965 年，宽带三层减反射系统才出现。

随着减反射膜技术的不断提高，科学家们从单入射角到宽入射角、从单波长到宽带和超宽带，对减反射膜的组成、制备和效果都进行了深入的研究。2007 年，J. Q. Xi 等以 SiO_2 和 TiO_2 材料为基材获得了折射率可以从 1.05 逐渐变化到 2.7 的不同膜层，并通过研究获得了沉积角度与薄膜折射率的对应关系，用这种方法在氮化铝基片上制备了 5 层具有特定折射率渐变剖面的减反射薄膜，这一结构几乎消除了菲涅尔反射，实现了全角谱、宽波段减反射作用。而在 2009 年，浙江大学郑臻荣等设计了 400～900nm 波段上的超宽带减反射膜，在 410～850nm 范围内的平均残余反射率设计值约为 0.2％，在设计的全波段上约为 0.24％。他们实验制备了 K_9 玻璃 TiO_2/MgF_2 上两种材料组成的 8 层结构的超宽带减反射膜，测试结果表明：这种膜在带宽 520nm 范围内的平均参与反射率仅为 0.44％。

随着纳米技术的出现，减反射膜技术的发展极其迅速，由于应用于太阳能玻璃的减反射膜与用于精密仪器仪表的减反射膜要求不同，所研究开发的角度也不同。大批量生产的太阳能电池减反射膜，必须要求低成本、高效、易于生产实施，因此，单层减反射膜技术变成了实行太阳能玻璃减反射膜技术产业化的重点研究对象。

在太阳能电池中，不同的光电半导体材料组成了不同类型的太阳能电池。对于硅太阳能电池而言，由于硅材料是一种半导体材料，其折射率很大，这样照射到硅表面的光很大一部分（大约 30％）被反射掉了，太阳光根本无法充分被硅吸收。为了最大限度地减少光反射造成的损失，按常规的做法，就是通过在电池上镀一层或多层折射率和厚度与电池匹配的减反射膜来提高电池的转化效率，或者在封装玻璃上镀减反射膜来增加玻璃光的透过率，提高太阳能电池的转换效率。最早就有使用多孔二氧化硅减反射膜的方法，不仅使电池的转化效率提高了 5％～6％，而且还可以提高基体的抗裂强度。后来使用的氮化硅减反射膜，可使太阳能电池的转化效率提高到 16.7％。除了减反射效果，这种薄膜的良好的致密性还能够钝化硅片表面的缺陷，而二氧化钛和氧化锆减反射膜则除了具有减反射功能外，还具有能提高玻璃基体的抗碱性能和防水防潮性能等作用。但是，用于太阳能玻璃的减反射膜和用于硅材料的减反射膜是不同的，这是因为硅的折射率高达 3.42，比它小的材料都可以用。但玻璃的折射率一般在 1.52～1.54，因此，玻璃只能用比这个数值小的折射率材料，那就只有 MgF_2，所以除此之外很难找到其他合适的材料，这也是太阳能玻璃减反射膜技术难点之一，如何制造低折射率的减反射膜正是减反射膜技术的魅力所在，本书后续会对这个问题有详细的论述。

在太阳能电池上使用的减反射膜材料有许多种，根据材质有无机减反射膜、有机减反射膜和金属减反射膜等。从结构上分有多孔结构、多层折射率递进结构和堆积有序结构等等，但无论按材质还是结构分类，减反射膜技术最终的目的都是增加太阳能电池面板玻璃或透明材料的透过率，最大地利用太阳能。

二、纳米技术在减反射膜制备中的应用

纳米技术在制造业是一种通过制造纳米材料获得不同功能的先进技术，近年来纳米技术在光学功能膜，特别是减反射膜制造上的应用，极大推进了减反射膜技术的发展。由于减反射膜是一种光学膜，其设计和使用都严格依赖光学参数，因此纳米技术从微观结构上可以更好地控制和解决减反射效果这一关键技术难题。

2012 年，P. Spinelli 等根据亚微米表面米氏共振原理设计制备出了具有二维周期亚微米硅圆柱体阵列表面，由于硅圆柱体阵列表面与其衬底可以形成强烈的耦合米氏共振，这种结构材料具有宽带全向增透功能，甚至在紫外到近红外光谱范围内反射率几乎都为零，没有反射现象。

除此之外，利用纳米技术，人们还获得了不同类型的减反射膜，这些高增透的减反射膜包括玻璃或硅材料的表面制绒减反射膜、具有自清洁功能的减反射涂层膜，以及以金属纳米粒子为表面的等离子激元效应减反射膜等。

下面逐一介绍几种典型的制造减反射膜的纳米技术。

表面制绒技术：这种技术主要是采用腐蚀方法在玻璃或硅材料基底上进行各向异性腐蚀、反应离子刻蚀以及电化学腐蚀等，获得具有许多细小的金字塔状结构的材料表面，达到减反射目的。这种微小的金字塔结构，在太阳光照射表面时，可以形成多次反射，进而大幅度地提高基底对光的吸收。制绒方法也叫刻蚀技术，有几种方法，最简单的是酸性刻蚀，后来发展为反应离子刻蚀以及加电压刻蚀等。也有从理论上研究建立二维表面光栅模型，在单晶硅太阳能电池亚微米表面进行制绒、表面的减反射效果和光捕获效果的研究。适当比例的亚微米硅光栅，可以减少反射率，而在亚微米表面光栅处容易形成高阶衍射，可增加光的传播路径，有利于光的吸收。

硅太阳能电池表面的制绒技术可以很明显地提高太阳能电池的效率，因此，在这方面的研究工作有很多，例如：①2011 年，M. W. P. E. Lamers 等制备的金属管穿孔多晶硅太阳能电池，通过化学制绒法优化后，转换效率提高两个百分点，最高达到 17.9%。②2012 年，HongjieLv 等采用电化学刻蚀法，在 HF/C_2H_5OH 溶液进行电化学刻蚀，制备出具有低反射率多孔金字塔结构的硅表面，这种结构硅表面具有从高到低折射率不断增大的渐变特性，在 400～800nm 波长

范围内的平均反射率低于1.9%。并且对于多层渐变增透硅表面膜而言，从理论上可以得出折射率和反射率之间的关系。

减反射膜涂层技术：这种方法是太阳能电池应用方面研究得最多的，也是最具有设计性和创新性的一种方法，并且，一旦减反射涂料研究出来，极易应用于规模化生产。这一方法主要是利用光的波动性和干涉现象，通过光学膜的定量关系，设计具有确切折射率的涂层结构和膜厚度，获得指定反射率的增透膜。其依据原理是使涂层与基底界面之间的反射光和涂层与空气界面的反射光相互干涉相消效果，来达到表面减反射产生增透的效果。

这种方法的优势是既可以设计多层减反射膜，也可以设计单层减反射膜，但在太阳能玻璃上，从生产成本这个商业化角度考虑，单层减反射膜才有实现产业化的价值和可能性。例如：这种单层膜涂层技术有很多种，从膜材料性质上看可包括无机材料、有机材料或无机/有机复合材料。从材料结构上分包括中空结构、表面凹凸结构、分子多孔结构。从工艺上分，已经产业化的有喷涂、辊涂、刮涂等，但最佳工艺还是辊涂，因为这种方法生产效率最高，工艺控制质量的可靠性最大，所以，经过喷涂、刮涂实验之后，生产厂家无一例外地选择了辊涂，目前辊涂减反射膜技术已被太阳能玻璃厂广泛使用。

在单层减反射膜的材料和技术研究上有许多种，除上述制绒技术、涂层技术外，还有其他方法制备减反射膜。例如：结合涂层技术和刻蚀技术的溶出技术，2006年，Wonchul Joo等将PMMA-b-PS与$CHCl_3$复合溶液旋涂到玻璃板上，干燥后采用乙酸溶出固体薄膜中的PMMA相，得到纳米微结构，当PMMA占比为0.69时，所制得的薄膜体现出最好的减反射性能，可以使反射率降至0.1%以下。这种方法类似于刻蚀技术，不同的是被刻蚀材料是高分子。另外，沉积方法也可以得到纳米结构的减反射膜，例如，2007年，Jong Kyu Kim等采用斜角沉积的方法，在基片表面上沉积获得折射率梯度递减的多层ITO薄膜，利用膜层内ITO纳米柱之间空隙，获得低折射率的纳米减反射膜，使得ITO的折射率降至1.29%，这种纳米柱ITO多层膜涵盖了从可见光到近红外区范围的宽带减反射效果。另外用各种方法制备多孔膜是实现减反射效果的最有效方法，例如，2011年，Hao Jiang等将PS小球作为制孔剂与PMMA溶液混合，然后旋涂至PMMA基板上，选择性去除PS小球，获得多孔结构薄膜，这种多孔薄膜的减反射性能其反射率最低，可以达到0.02%[3]。

在晶体硅表面镀膜也可以达到减反射效果，2012年，D. Hocine等采用常压化学气相沉积法，在多晶硅太阳能电池表面沉积单层二氧化钛减反射膜，使反射率从原来的35%降低到8.6%，使太阳能效率提高3个百分点的概率达14.26%。

制造纳米结构减反射膜的方法还有很多种，例如，磁控溅射、化学沉积、喷涂法等。研究和应用互相推进，使减反射膜纳米技术飞速发展。此外，这方面的研究还有采用金属为原料制备的金属减反射膜。

金、银等金属纳米粒子在纳米尺度时具有独特的光学性质[4]，当被入射光照射时，金属颗粒间等离子波相互作用，改变颗粒形状、尺寸及等离子波与光子的相互作用，适当条件下可以带来强烈的前散射，可以起到减反射的作用。基于此，2009 年 Jin-A Jeong 等制备了 ITO-Ag-ITO 多层电极的有机太阳能电池，由于 Ag 纳米颗粒表面等离子体共振效应，对 400～600nm 的太阳光具有很好的透过率。透过率的大小随 ITO-Ag-ITO 膜层的厚度改变而改变，当 ITO-Ag-ITO 膜厚为 16nm 时，透光率最高，所制备的有机太阳能电池的转换效率最高，为 3.25%。2011 年，P. Spinelli 等系统地进行了 Ag 纳米粒子阵列引起的光耦合数值模拟和实验研究，在 450nm 处，间距为 50nm 厚的氮化硅衬垫层的 Si 基板上，配置一个 200nm 宽、125nm 高球状 Ag 粒子方形阵列时，薄膜的透过率比标准干涉层增透膜的透过率增加了 8%。上海交通大学韩涛等基于银纳米粒子表面等离子激元效应和 MIE 散射理论，从理论上分析了不同银纳米颗粒尺寸和银粒子分布密度对太阳光谱各波长的散射特性，获得了实现高光透过率所需最佳银纳米颗粒半径范围，并定量地给出了最佳颗粒分布密度随银粒子半径的变化规律以及建立了计算减反射膜透射率的理论方法，找到了银纳米颗粒光学透过率的简单函数表达式。天津大学洪昕等采用纳米模版印刷术和化学自组装技术制备了半壳结构的金粒子膜，该结构的金膜所具有的独特局域表面等离子体共振效应取决于样品的粒子大小、间距等微观结构且其峰值吸收波长对其周围环境介质的介电常数变化十分敏感，因此控制微观结构可控制透过率的变化[5]。

三、太阳能电池减反射膜应用和存在的问题

在线镀膜生产技术的限制：太阳能电池玻璃减反射膜制造技术有几种限制，一是基于成本限制，只能镀单层膜，单层膜使减反射效果受到限制，目前市场使用的减反射太阳能玻璃只能提高透过率小于 3%，常见的仅为 2%，其原因如下所述。

① 减反射膜不仅要求具有较高的透过率，还必须适应各种苛刻的使用环境，承受各种极端的条件考验，包括：高温、低温，高湿、低湿，酸碱、盐雾，以及沙粒冲击、尘土吸附等环境因素，其减反射效果、附着力、耐磨性等都将受到考验。因此，对材料的综合要求限制了透过率的提高。

② 减反射膜是一种光学膜，透过率的大小和膜厚度密切相关，减反射效果与膜厚度存在定量关系，只有一定厚度的光学膜才有增透效果，否则变成增反射膜。

③ 减反射膜的均匀性很重要，工艺中必须严格控制，在纳米尺度上的膜厚，

控制比较严格，需要设备稳定性好，一般加工设备可控，但人为因素，可能会使减反射膜厚度发生波动，影响厚度和均匀性。

④ 使用条件的限制导致表面清洁问题。众所周知，太阳能使用场所都是户外，包括沙漠、海边、高原、屋顶等，这些地方，空气中可能有油污、灰尘、海藻、苔藓等。随着太阳能电池在户外使用时间的延长，太阳能电池表面不可避免受到环境因素的影响，表面清洁问题凸显，例如：沙漠地区的沙粒尘土在太阳能电池表面的堆积，海边地区盐雾的腐蚀，工业地区空气中飘浮油滴的污染等，使太阳能电池表面被覆盖腐蚀污染，导致太阳能玻璃透过率急剧下降，进而影响太阳能电池的发电量，影响发电稳定性，甚至导致无法供电。因此，太阳能电池的表面清洁问题是太阳能电池使用中的一个重大问题，目前采用的表面清洗方法，主要是使用酸碱洗液和清洁剂，其冲洗过程中，用水量巨大，并带来二次环境污染，所以，在减反射膜基础上赋予太阳能电池表面自清洁功能是目前太阳能电站和太阳能电池组件亟待解决的问题。

参 考 文 献

[1] 张战营，姜宏，黄迪宇，等. 浮法玻璃生产技术与设备. 北京：化学工业出版社，2005.

[2] http://www.istis.sh.cn/list/list.aspx?id=6861（国外超白压花玻璃组分）.

[3] 杨振宇，朱大庆，赵茗. 聚合物纳米孔隙增透膜制备工艺的研究 [J]. 光学学报，2006，26（1）：152-156.

[4] 郑臻荣，顾培夫，等. 超宽带减反射膜的设计和制备 [J]. 光学学报，2009，7（29）：2026-2029.

[5] 王曦雯，何晓雄，胡佳宝. SiO$_2$/TiO$_2$ 减反膜系的制备和性能测试 [J]. 合肥工业大学学报，2012，4：496-498.

第三章

太阳能电池减反射原理

减反射膜，顾名思义，是一种可以减少光在物体表面反射的光学薄膜。减反射膜的主要功能为减少或消除各种透镜、棱镜、平面镜、太阳能封装玻璃等光学器件表面的反射光，减少或消除系统的杂散光，以达到增加光学器件透光量的目的。

在太阳能电池领域，使用减反射膜的目的就是提高半导体和太阳能电池封装玻璃或封装透明膜的透过率，通过提高太阳能电池面板表面对太阳能光的透过率，使半导体材料能尽量最大地吸收太阳光，提高太阳能电池组件的光电转换效率，使太阳能电池发电的生产效率最大化，达到有效和高效利用太阳能的目的。

本章以光学基本原理为基础，通过薄膜光学理论，阐述光学薄膜的减反射原理和减反射膜基本参数对光学薄膜减反射效果的影响，并根据材质和结构对减反射膜进行分类，为进一步设计和制造减反射膜提供理论依据。

第一节　光学基础和薄膜光学

减反射膜是根据薄膜介质中光的干涉理论菲涅尔方程，设计制造的一种光学薄膜。因此，光学基础知识和薄膜光学原理是设计减反射膜的理论基础。

一、光学基础知识

（一）光的基本性质和波长分布

光是一种电磁波，具有波粒二象性，光的传播速度 v 和波长 λ、频率 f 三个参数，满足以下公式：

$$v = \lambda f \tag{3-1}$$

因不同电磁波在真空中的传播速度都是相等的，所以具有不同波长的电磁波其频率不同。从式（3-1）可知，在光速一定的情况下，波长和频率互为倒数关系。

由一系列不同波长组成的波长带称为光谱，光谱是光学中最基本的术语。光谱中具有不同波长的光表现出不同的光学特征，也具有不同的应用性能。太阳能光谱是由一系列连续波长组成的光谱带，其波长与不同波长的应用功能如图 3-1 所示。

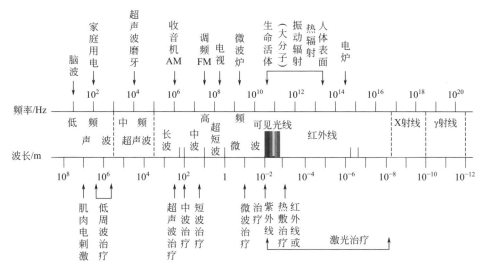

图 3-1　太阳光谱及其应用[1]

从图 3-1 可以看到，整个电磁波谱波长范围是由从 10nm 开始的超短波到波长几千米的长波等一系列连续波长组成。根据不同的波长，太阳能光谱可分为长波、中波、短波、超短波和微波。红外线、可见光和紫外线，这三部分合称光辐射，这部分波长范围在 380～1500nm，其能量约占太阳能光谱总能量的 85%。人肉眼可看到的可见光部分称为可见光，其波长范围在 380～780nm，仅占电磁波谱中很小的一部分，但其能量占太阳能光的总能量大约 45%。太阳能电池利用的主要是从紫外线、可见光一直到红外线这一段，一般指波长在 300～2500nm 这部分的光能，其中，在大气相对质量为 1 的情况下，可见光的能量约占太阳能总能量的 47%，紫外线约 5%，红外线约 48%，总计这部分光能占太阳能光谱总能量的 95%～99%。因此，实际中测试时，基本认为这部分光的能量代表了太阳能光谱的能量。在太阳光谱中，更短的波长是 X 射线，波长最短的电磁波是 γ 射线，其占据很少一部分。如图 3-1 所示，不同波长的电磁波有不同的应用功能，例如：微波部分的红外线用于医学上的治疗（理疗）和夜间测试或监测等，超声波可用于人体方面的检查，紫外线用于杀菌等。

由于光是一种电磁波，所以在介质的传播过程中，体现出波的基本特征，即：光的干涉、衍射、偏振等现象。

（二）光的传播规律

光在同种均匀介质中以直线传播，以光的直线传播为基础，研究光在介质中的传播及物体成像规律的学科，称为几何光学。在几何光学中，以一条有箭头的几何线代表光的传播方向，叫做光线。几何光学把物体看作无数物点的组合，也可用点来表示物体。由物点发出的光束，看作是无数几何光线的集合，光线的方向代表光能的传递方向。由于所研究物体的尺寸远远大于光的波长，几何光学从宏观上研究光的传播，忽略光的波动性，那么，从几何光学中对光的研究，得出光传播的三个基本规律，即：

① 光以直线传播。

② 独立传播的两束光在传播过程中相遇时互不干扰，按各自途径连续传播。当两束光会聚同一点时，在该点上的光能量是简单相加。

③ 光的反射和折射定律，光传播途中遇到两种不同介质的分界面时，一部分反射，另一部分折射。反射光线遵循反射定律，折射光线遵循折射定律。

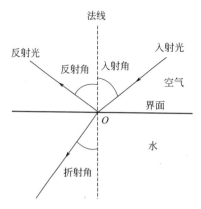

图 3-2　光线在不同介质中的折射和反射

（三）光的反射定律

如图 3-2 所示。当光照射到物体（例如：水）表面时，有一部分被物体表面反射回去，这种现象叫做光的反射。

光反射时，遵守下列规律：

① 当光反射时，反射光线、入射光线、法线都在同一平面内。

② 光反射时，反射光线、入射光线分居法线两侧（居两侧）。

③ 光反射时，反射角等于入射角（角相等）。

（四）光的折射定律

光从一种折射率为 n_1 的介质射向另一种折射率为 n_2 的介质的平滑界面时，一部分光被界面反射，另一部分光透过界面在另一种介质中折射，折射光线服从折射定律，即折射光线与入射光线、法线处在同一平面内，折射光线与入射光线分别位于法线的两侧。其入射角的正弦与折射角的正弦成正比，即

$$\sin\theta_1 / \sin\theta_2 = n_2 / n_1 \tag{3-2}$$

式中，θ_1、θ_2 分别为入射角和折射角，这就是斯涅尔定律，式（3-2）也叫斯涅尔公式。斯涅尔定律是因荷兰物理学家威理博·斯涅尔而命名，又称为"折射定律"。

反射定律和折射定律使用的前提是，对于两种折射率都为实数的介质才有意义，但对于会吸光的物质，例如金属和半导体，折射率是一个复数，一般不为零。

二、薄膜光学

（一）薄膜的定义和性质

光学薄膜指一种在三维尺寸中某一维尺寸远远小于另外两维尺寸大小的固体、液体或气体的薄层材料。

在研究薄膜光学时，对薄膜有以下约定，即理想光学薄膜。理想光学薄膜的性质：①薄膜无吸收；②薄膜物理化学性质均匀；③入射光是垂直入射的，对于不大于50°角的入射光的反射率受入射角的影响可忽略不计。由于太阳离地面的距离遥远，在太阳能电池表面入射的太阳光可认为是垂直入射到太阳能电池面板表面。

但实际光学薄膜存在下列问题：①在一定误差范围内，表面光滑，膜层之间的界面清晰；②膜层的折射率在膜层内是连续一致，在界面上发生跃变；③薄膜可以是透明介质，也可以是吸收介质；④可以是法向均匀的，也可以是法向不均匀的。

太阳能光的入射也是因时间变化存在一定的角度变化，因此，光学理论是研究理想状态下的基本规律，在实际应用中可以做一定的修正。在研究薄膜光学中，先将光学薄膜设想为理想薄膜。

（二）光在薄膜中的干涉

如前所述，光在介质中的传播有反射、折射和干涉、衍射、偏振等，本书只介绍薄膜介质中光的干涉。

根据波动光学原理，在光照射到薄膜上时，光的传播如图3-3所示。

从图3-3可看到，入射光Ⅰ（入射角 θ_0 ）经薄膜的上表面反射后得第一束光 r_1 ，折射光经薄膜的下表面反射，又经上表面折射（折射角 θ_1 ）后得第二束光 r_2 ，这两束光在薄膜的同侧，由同一入射光波分出，由于薄膜很薄，两束光形成相干光，发生干涉，属分振幅干涉。若光源为扩展光源（面光源），则只能在两相干光束的特定重叠区才能观察到干涉现象，故

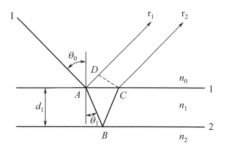

图 3-3 光在薄膜中的传播[2]

属于定域干涉。对上下两个表面互相平行的平面薄膜，干涉条纹定域在无穷远，通常借助于会聚透镜，在其影像方的焦面内进行观察，对楔形薄膜，干涉条纹定域在薄膜附近。

实验和理论都证明，只有两列光波具有一定关系时，才能产生干涉条纹，这些关系称为相干条件。光在薄膜内产生相干的条件包括三点：①两束光波的频率

相同；②两束光波的震动方向相同；③两束光波的相位差保持恒定。

则薄膜干涉两相干光的光程差公式如下：

$$\Delta = nd\cos\theta \pm \lambda/2 \tag{3-3}$$

式中，n 为薄膜的折射率；d 为入射点的薄膜厚度；θ 为薄膜内的折射角；$\lambda/2$ 是由于两束相干光在性质不同的两个界面（一个是光疏介质到光密介质，另一个是光密介质到光疏介质）上反射而引起的附加光程差。

（三）菲涅尔方程

法国物理学家奥古斯丁·菲涅尔根据反射定律和折射定律，对于光在不同介质中的传播推导出了一组光学方程，用于描述光在两种不同折射率的介质中传播时的反射和折射规律及特点。

菲涅尔方程中所描述的反射为：在没有吸收的介质中，从一种具有折射率为 n_0 的介质向另一种具有折射率为 n_1 的介质传播时，在两者的界面，可能会同时发生光的反射和折射。菲涅尔方程描述了不同光波分量被折射和反射的情况，也描述了波反射时的相变。

首先定义光在介质中传播的反射率也叫反射比 R，其值等于入射光被反射的比例。入射光的折射比例称为透过率，用 T 表示。

根据电动力学和电磁波传播理论，在入射光无偏振和光线垂直入射的情况下，菲涅尔方程如下：

$$反射率\ R = \frac{n_0 - n_1}{n_0 + n_1},\quad r = \frac{n_0 - n_1}{n_0 + n_1}$$

$$透射率\ T = \frac{2n_0}{n_0 + n_1},\quad t = \frac{2n_1}{n_0 + n_1}$$

从菲涅尔方程，通过计算可以得出下列结果：

$$R = \left(\frac{n_0 - n_1}{n_0 + n_1}\right)^2 \tag{3-4}$$

$$T = \frac{4n_0 n_1}{(n_0 + n_1)^2} \tag{3-5}$$

式中，n_0 为光入射前介质的折射率，一般空气 $n_0 = 1$；n_1 为光入射介质的折射率，一般指光学薄膜的折射率。

在忽略双层膜的光干涉情况下，光的反射率为：

$$R_总 = 2R/(1+R) \tag{3-6}$$

式（3-6）使用的前提是假设介质的磁导率等于真空磁导率，它适合于大多数电介质。但对于其他类型的物质来说，则菲涅尔方程的形式比较复杂。

三、真实薄膜的物理性质及其影响因素

实际应用中的薄膜比理想薄膜复杂很多，存在各种可能，其原因也有很多

种，但主要原因是：①制备工艺条件所限，薄膜的光学性质和物理性质并不是完全一致，所以，薄膜内性质不均匀，表面和界面也有一定的粗糙度，使光束发生漫反射；②膜层之间存在相互渗透形成了扩散界面；③由于膜层的生长、结构、应力等原因，在膜形成过程中产生各种各向异性；④膜层间具有复杂的时间效应。

以上种种都会对薄膜的光学性质产生影响，特别是在设计光学薄膜时，必须考虑这些影响因素。在此，本书仅讨论几种对减反射膜设计产生的可能影响因素。

（一）薄膜结构对折射率的影响

薄膜的结晶度、多晶结构和无定形结构，可在表面内造成光的散射。因此，光学薄膜内微观结构变化是导致薄膜折射率变化的原因。在设计制造光学薄膜时，可考虑设计微观结构，例如纳米结构，在制造时获得预计的折射率，尽量减少不均匀。薄膜表面粗糙度对光有散射，因此，也影响薄膜的折射率。一般而言，中空结构的孔隙率大和表面粗糙度大的薄膜，折射率更低，但超微结构的变化对折射率影响较小。

（二）薄膜结构对薄膜厚度和光学常数的影响

如上所述，如果薄膜为中空结构，那么随着薄膜孔隙率的增大，其折射率将降低，但对光学常数的影响会变大。在式（3-3）中，薄膜的折射率 n 减小，在同等光程差的条件下，薄膜的厚度 d 将增加，如果薄膜折射率 n 和厚度 d 同时减小，则光程差变得更小，薄膜干涉则更小。

（三）薄膜结构的时效性对薄膜光学性质的影响

薄膜的结构都具有一定的时效性，随着时间增长，薄膜材料会产生结构的变化，例如：化学键断裂产生的结构塌陷，离子迁移产生的结构位移等，都会影响薄膜的折射率和表面粗糙度。

（四）制造工艺对薄膜光学性质的影响

以上结构对光学薄膜折射率、厚度、薄膜粗糙度的影响，都可以通过薄膜的制造工艺进行改进和固化。例如，对于薄膜表面，也可以进行粗糙度设计，可在制造工艺中，通过工艺参数的影响，获得具有光散射和吸收的薄膜表面；还可以通过制造工艺，将薄膜材料的结构进行交联固化或高温固化等。无论任何一种光学薄膜，其材料结构的形成和维持都离不开制造工艺的影响，因此，制造工艺过程和过程控制可以直接影响薄膜材料的结构和光学性质。

（五）对薄膜光学的其他影响因素

首先，薄膜和基材之间互相扩散存在结构过渡层，影响薄膜光学性质；其次，薄膜形成后，由于吸附或氧化等因素使薄膜外表面引起过渡层，例如，环境污染中灰尘吸附和油污吸附就是一个实例。

从以上几项分析可以看到影响薄膜光学性质的几大因素分别是：薄膜的结构、薄膜加工工艺、薄膜的应用时间等。在此，影响最大的是薄膜的结构，而且薄膜结构主要受薄膜材料性质和加工工艺的控制，所以，在制造理想光学薄膜的过程中，选择合适的材料、精准的控制工艺，才是获得稳定高质量光学薄膜的关键。

第二节　光学膜的减反射原理

如前所述，最简单的光学薄膜模型是表面光滑、各向同性的均匀介质膜层，在这种情况下，可以用光的干涉理论来研究光学薄膜的光学性质。当一束单色光平面波入射到光学薄膜上时，在它的两个表面上发生多次反射和折射，反射光和折射光的方向由反射定律和折射定律确定，反射光和折射光的振幅大小则由菲涅尔公式确定。

一、光学膜减反射概要

减反射膜的光学基础是源于光的波动性和干涉现象，如光的干涉中所述，如果两个振幅相同、波长相同的光波叠加，光波的振幅增强。如果两个光波波长相同，波程相差半波长，当这两个光波叠加时，互相抵消，振幅最小，即反射率最小。减反射膜就是利用这个原理，设计光学膜的材料和结构，以达到减少介质表面的反射率。

需要说明的是：在减反射光学膜中，利用光波干涉原理，可使某一波长的光反射率减少，但不能使光谱中所有波长的光反射率同时减少，这是因为减反射效果（光的反射率）与光学膜的厚度和受到照射的光的波长有关。为了使整个波段不同波长的光反射率更低，常用的方法是采取镀多层膜的方式来达到目的。一般情况下，镀多层膜可使减反射的波带变宽，使整个波段的反射率降低。

如光的干涉理论所述，反射光不满足干涉相消条件时，薄膜就不会有减反射效果，起不到增透的作用。为了更客观准确地获得实际数据，太阳能电池行业中，在测试太阳光照射效果时，常以波长 550nm 的光为参照波长（550nm 波长为太阳光的最高峰值），用以计算有关太阳能电池数据，如：吸收率、反射率、折射率等。

早在 1961 年，Cox、Hass 和 Thelen 三位科学家就发表了以 1/4-1/2-1/4 波长光学厚度作三层减反射膜，可以得到具有宽波带、低反射率的减反射效果。多层减反射膜除了用于宽波带光学器件外，也可以用于窄波带的减反射，甚至可以针对某一波长进行减反射。例如：氩氟激光 632.8nm 波长，要求透射率极高，利用减反射膜可使 632.8nm 这一波长透射率高达 99.8％以上，这一方法已被用于激光仪器上。

二、光的性质对减反射效果的影响因素

减反射膜的原理如图 3-4 所示，当薄膜上界面反射光与下界面反射光叠加互相抵消时，反射光变弱，全部光子进入玻璃，但光波的抵消本质是由另一同一振幅的光波互相干涉产生正负叠加而相互抵消的。

光在两种介质界面上的振幅反射系数 f，与薄膜界面处折射率之比的关系为

$$f = \rho / (1 + \rho) \tag{3-7}$$

式中，ρ 为薄膜界面处折射率之比。

根据光学原理，膜有 2 个界面就有 2 个矢量，每个矢量表示一个界面上的振幅反射系数。如果膜层的折射率低于基片的折射率，则每个界面上的反射系数都为负值，这表明相位变化为 $180°$。当膜层的相位为 $180°$ 时，即膜层的光学厚度为某一波长的 1/4 时，则 2 个矢量的方向完全相反，合矢量便有最小值。如果矢量的模相等，则对该波长而言，2 个矢量将完全抵消，于是反射率为零，这也是减反射膜的理想状态，如图 3-4 所示，在减反射膜中，经过几次反射和折射，最后初始入射光 I_0 全部进入玻璃，图中：$n_2 > n_1 > n_0$（n_0 为外界介质折射率，n_1 为减反射膜的折射率，n_2 为玻璃的折射率）。

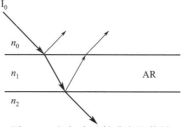

图 3-4　光在减反射膜中的传播

如果镀制的减反射薄膜的反射率为 R，则：

$$R = \frac{R_1^2 + R_2^2 + 2R_1 R_2 \cos\Delta}{1 + R_1^2 + R_2^2 + 2R_1 R_2 \cos\Delta} \tag{3-8}$$

式中，R_1，R_2 分别为外界介质与膜、膜与介质表面上的菲涅尔反射系数；Δ 为膜层厚度引起的相位角。则 R_1、R_2、Δ 与减反射膜和基材折射率的关系为：

$$R_1 = \frac{n_0 - n_1}{n_0 + n_1}, \ R_2 = \frac{n_1 - n_2}{n_1 + n_2}, \ \Delta = \frac{4\pi n_1 d}{\lambda_0} \tag{3-9}$$

式中，n_0，n_1，n_2 分别为外界介质、减反射膜和基材的折射率；λ_0 为入射光波长；d 为减反射膜层的实际厚度，也是光学厚度。当波长 λ_0 为光的垂直入射时，如果 $n_1 d = \lambda_0 / 4$，则减反射膜的反射率为：

$$R=\frac{R_1^2+R_2^2+2R_1R_2\cos\Delta}{1+R_1^2+R_2^2+2R_1R_2\cos\Delta}$$

可变为：

$$R_{\lambda_0}=\left(\frac{n_1^2-n_0n_2}{n_1^2+n_0n_2}\right)^2$$

若要求 $R_{\lambda_0}=0$ 时，则：

$$n_1=\sqrt{n_0n_2} \tag{3-10}$$

因此，完美的单层减反射薄膜条件是膜层的光学厚度为 1/4 入射波长，其折射率为外界介质折射率和基材折射率乘积的平方根。

太阳能电池减反射膜效果如图 3-5 所示。

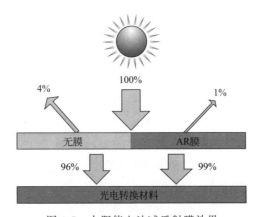

图 3-5　太阳能电池减反射膜效果

三、光学膜性质对光学膜减反射效果的影响因素

（一）减反射膜的厚度

若要将光电池对光反射引起的损失减至最小，根据式（3-7）必须使 ρ 最小。则单层减反射薄膜必须满足以下条件：

$$\left.\begin{array}{l}n_1d=\dfrac{\lambda_0}{4}\\[2mm]n_1=(n_0n_2)^{\frac{1}{2}}\end{array}\right\} \tag{3-11}$$

即膜厚度为入射光波长的 1/4，膜折射率等于空气折射率和玻璃折射率乘积的平方根值。

图 3-6 是光学薄膜厚度与反射率的关系，从图中可看到：空气和基材的折射率分别为 $n_0=1.0$、$n_2=1.5$，入射角为 0°，对于不同折射率的光学薄膜，都有相同形状和相位，其波长范围的反射率曲线形状一样，但当折射率不同时，反射率大小不同。随着光学薄膜的折射率增大，反射率也增大，对于折射率较大的光

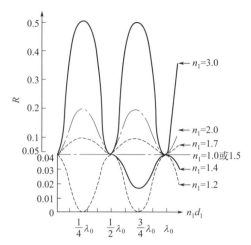

图 3-6　光学薄膜厚度 d（nm）与反射率的关系[3]

注：膜的折射率为 n_1（$\theta_0 = 0°$　$n_0 = 1$，$n_2 = 1.5$）。

学薄膜，例如：$n_1 = 3.0$ 时，其反射率可高达 50%。

对硅太阳能电池而言，如果太阳光直接从空气射入电池，即 $n_0 = 1.0$，$n_{Si} = 3.8$，则折射率为 1.9 的介质膜为最佳。但是，它也仅仅对某一特定波长的单色光为最佳，对于一般的复色光源，邻近特定波长的光，在确定的介质材料和厚度下，由于条件不完全满足，反射光只可能部分地被抵消，虽然 ρ 有所增大，但对波长较远的光，起不到减反射作用[4]。因此，在设计中，必须考虑选取适当的 n_1 材料和制作合适的膜厚 d，才能使其波长落在光源辐射最强的波长附近。

太阳能电池所吸收的太阳能光谱中波长 550nm 处的光能强度最大，一般在工业中，取 550nm 为测试波长，所以按式（3-9）计算，单层减反射膜厚度应为 550nm 的 1/4，即 137.5nm，或 137.5nm 的整数倍，275nm、412.5nm……由此可见，减反射膜厚度与减反射膜的光学层数无关，只与入射波长大小有关。

（二）介质的折射率

在膜层光学厚度确定为某一指定波长的 1/4 时，则相邻两束光的光程差恰好为 π，即振动方向相反，其叠加的结果使光学表面对该波长的反射光减少，理想状态为 0。因此，选择合适的膜层折射率，对光学表面反射光的消除是关键因素，如果选择的膜折射率恰当，甚至可以将反射光完全消除。

介质的折射率定义为：某种介质的折射率 n 等于光在真空中的速度 c 跟光在介质中的速度 v 之比，

即：$n = c/v$

折射率是一个相对的参数，前提是真空的折射率定义为 1.0，一般情况下把空气的折射率也认为是 1.0。一般的介质有空气、水。不同的材料因性质原因都有不同的折射率，常见材料的折射率列于表 3-1，其中一部分已用于做制备减反射膜的材料。

表 3-1 常见材料的折射率

材料	折射率	材料	折射率
MgF_2	1.3～1.4	SiN	1.9
SiO_2	1.4～1.5	TiO_2	2.3
Al_2O_3	1.8～1.9	Ta_2O_3	2.1～2.3
SiO	1.8～1.9	ZnS	2.3～2.4

在此要说明的是：光学膜层的折射率不等于组成膜的材料的折射率。一般折射率指介质是以其密堆积的状态存在时的折射率。所以，光传播中传输介质的结构和密度很重要，对光学膜的性能影响很大，这一结论也表明：折射率是减反射膜设计中的一个最重要的参数。

（三）介质的密度

如上所述，因结构原因，光学膜的折射率不等于组成光学膜介质原材料的折射率，那么如果光学膜的折射率低于原材料介质的折射率时，表明了光学膜的结构不是原始密堆积的，可能是中空结构或其他结构。

介质的密度影响光的传播速度，密度大，传播速度降低，例如：水的折射率是 1.33，其大于空气的折射率 1.0，表示光在真空中的传播速度是在水中传播速度的 1.33 倍。

根据前面光学原理部分的计算公式，只有当光学薄膜折射率小于基材的折射率时，光学薄膜对基材才有减反射效果。所以，为了降低光学薄膜的折射率，达到减反射效果，可以设计光学膜为中空结构，这些结构有很多种，例如：多孔结构、空心结构、层叠结构、渐变结构等，这种由于膜的结构产生的密度变化导致折射率的变化，为设计和制造减反射膜提供了广阔的发展空间。

（四）膜层数量

在减反射膜层制备中，由于膜层厚度是根据某一特定波长确定的，所以，采用单层减反射膜很难达到理想的增透效果，为了将每一波长的光实现零反射，或者在较宽的光谱范围内达到良好的增透效果，常常需要采用双层、三层甚至多层膜达到宽域减反射。

图 3-7 是不同膜层数时，光学膜的减反射效果。从图 3-7 可以看到，随着膜层数从 1 增加到 3，反射率曲线起伏更小、更平坦，反射率更低，低反射率波长范围更宽。这些表明，增加膜层数，可以拓宽减反射波长范围，并使反射率更小，有利于减反射效果的提高。

在了解了以上几种影响减反射膜效果的因素后，通过对几种影响减反射效果的因素分析，可以看到：设计良好的减反射膜，首先要考虑的是使用材料的性质。它决定了光学薄膜的折射率、结构可能性、制造工艺可实施性等。其次是光学膜的结构，它决定了膜密度、折射率、耐磨性等光学膜的性能。最后是实现所设计的光学膜的制备工艺条件，它决定了工艺参数和实施成本。因此，设计减反射膜时，这些都是基本参考因素。

在太阳能电池中使用的减反射膜，除了减反射效果外，要考虑的因素还包括：原料来源、生产成本、性能稳定性、环境因素等。因此，设计单层、减反射效果明显、原料价廉易得、生产工艺简单、成本低、减反射膜性能稳定、对环境无污染的绿色技术是减反射膜技术的核心要素和发展趋势。

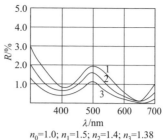

$n_0=1.0$; $n_1=1.5$; $n_2=1.4$; $n_3=1.38$

图 3-7　膜层数对减反射效果的影响

注：n_0 表示玻璃的折射率；
n_1 表示单层膜玻璃的折射率；
n_2 表示双层膜玻璃的折射率；
n_3 表示三层膜玻璃的折射率。

四、减反射产生的视觉效果和优点

光的反射，除了影响玻璃和薄膜的透过率，在许多地方还影响着人们的生活。所谓光污染就是光的反射给人类带来的一大危害。光污染包括：视觉伤害、环境伤害等，例如：建筑玻璃幕墙是现在建筑物广泛采用的一种形式，因其装饰性，给人们带来震撼愉悦的视觉效果，但是玻璃幕墙的反射光给环境带来的污染却不可忽视。还有一个最明显的例子，即在行车过程中汽车后视镜的反光，也叫眩光，给司机带来的危害是视线受到刺激而导致的视线模糊。这些都是光污染带来的危害，对人类生存质量的影响很大。如果使用减反射膜，则可以改善和避免这些危害，并达到以下效果。

① 消除镜面反射　强烈的镜面反射光，可使面对镜面的人眼睛受到强光刺激失去辨别能力，只能看到表面一片白光。减反射可以消除这种反射光，特别是用于幕墙玻璃时，可以使幕墙玻璃在强光下将反射光消除，保持其原有的形状。

② 消除眩光　眩光是表面受到强光照射产生的视觉误差，因光的亮度远远超过眼睛的适应能力，导致人的视力模糊，眼睛受到伤害。眩光的产生有两种，一种是由光源引起的直射眩光，例如：太阳光或其他光源，另一种是因视野内物体表面反光引起的反射眩光。

眩光带来的危害主要有以下三种。a. 不适眩光：不舒适，但不影响视力；b. 失能眩光：干扰视力，影响视觉；c. 破坏视力，产生后滞效应，即强眩光让人远离一段时间后，仍无法看清东西。

眩光的最大危害主要体现在驾驶车辆的行进中，司机因对面车灯或其他原因带来的眩光产生的不安全性。一般驾驶者都是通过佩戴垂直偏光的太阳眼镜减少来自非金属物体，如水、光滑表面等的眩光，但如果通过挡风玻璃或后视镜的减反射膜消除眩光，效果更好。

③ 增加透过量　减反射膜作用的第一目标就是提高介质的透过率。理想的无吸收的介质中，仅有透过率和反射率，则它们的关系如下：

$$T = 1 - R \qquad (3\text{-}12)$$

式中，T 为介质的透过率；R 为介质的反射率。反射率减小，透过率增加。反射率大小取决于介质的折射率，计算公式如式(3-13)

$$R = \frac{(n-1)^2}{(n+1)^2} \qquad (3\text{-}13)$$

一般玻璃的折射率为 1.52，普通树脂的折射率为 1.50，根据反射率用式(3-13)，可计算出玻璃的反射率为 4.25% 和普通树脂的反射率为 4.00%。因为玻璃片或树脂片有上下表面，所以上下两个平面的反射率总共为 8%～8.5%，则它们的透过率就是 91.5%～92%。超白压花玻璃因表面压花减少了玻璃的反射率，所以透过率可以提高到 92.6%，树脂反射率为 4.0%，透过率为 92.0%。由此可见，减反射膜所降低的反射率等于提高的透过率。

④ 消除重影　对于曲面介质，由于介质前后表面的曲率不同，使两个曲面产生反光也称为内反射光。内反射光会在球面附近产生虚像，这种虚像影响了视物的清晰度和舒适性，采用减反射膜可以最大限度地消除重影，提高曲面介质的清晰度。

第三节　减反射膜的类型和结构

如前所述，减反射膜的性质和减反射率的大小取决于组成减反射膜的材料性质和膜层结构。因此，减反射膜的分类不外乎按材料性质和结构进行分类。

一、按材质分类

减反射膜材料的性质决定了膜的折射率，折射率决定了减反射膜的减反射率，所以，使用哪种材料对减反射膜的光学性能、力学性能、耐老化性能都有着重要的影响。

减反射膜按材料性质，一般可分为三类。

1. 无机材料减反射膜

无机材料是最早用于制备减反射膜的材料，因为减反射率取决于材料的折射率，所以，低折射率的无机材料成为减反射膜原料的首选。例如：最早使用的 MgF_2，在无机材料里其折射率最低，仅有 1.38，一直以来都被广泛地用于做玻璃的减反射膜原料。此外，折射率较低的 SiO_2（$n = 1.4 \sim 1.5$）也常用于做玻璃或陶瓷的减反射膜。对于金属表面的减反射膜，因金属折射率较高的原因，一般采用金属氧化物或氮化物，诸如：Al_2O_3（$n=1.8\sim1.9$）、TiO_2（$n=2.2\sim2.3$）、SiN（$n=1.9$）等，作为减反射膜的材料。

2. 有机材料减反射膜

有机材料因为在一般的材料表面具有良好的涂覆性和附着力，也广泛用于减反射膜原料，一般氟、硅化合物的折射率比较低，所以氟、硅化合物或聚合物首当其冲被选为减反射膜的原材料。但氟树脂存在附着力差、分解后对环境有污染以及价格较高等问题，使用较少，或是和硅树脂复合使用。除此之外，其他树脂也有很多被选中作为减反射膜的原材料，例如：聚丙烯酸树脂，因其耐紫外线性能良好，被用来做载体或黏合剂用于做减反射膜原料。还有环氧树脂，因其对填料的良好分散性、对基材较好的附着力和耐老化性能等优点，也用于做减反射膜原料。事实上，在户外使用的减反射膜材料中，使用更多的是加入氟树脂和硅树脂的复合树脂，由于这两种树脂的低折射率，有更多机会被采用。其作为功能性复合组分，应用得较多。近年来，在研究减反射膜方面，材料专家们一直致力于制备或合成低折射率的树脂原料，以期获得性能优异的低折射率减反射膜。

3. 无机-有机杂化减反射膜

无机材料具有高硬度、耐高温、耐磨、耐冲击等优点，但附着力和柔韧性一般，有耐酸碱、耐盐雾性能不强等弱点。有机材料具有附着力好、涂覆性好、质量轻、柔韧性好、耐酸碱、耐盐雾等优点，但有不耐高温、硬度低等缺点。如果结合无机、有机材料的各自优点，通过设计制造无机-有机复合材料，可以得到具有良好减反射性能和其他综合性能最佳的减反射膜。

这方面的研究已经有很多，例如：可以用低折射率的无机材料与高分子材料进行原位聚合，达到分子水平的复合，获得无机-有机杂化的低折射率的减反射膜，如已有的 SiO_2/聚丙烯酸酯复合材料及其他类似的无机-有机杂化材料。也有可以进行共混或采用溶液高分子与无机材料的凝胶交联，达到分子水平复合，获得的无机-有机材料杂化的减反射膜，例如，TiO_2/硅树脂复合物，就是通过钛酸丁酯在硅树脂中的水解制备的无机-有机互穿网络材料。

无机-有机复合的减反射膜既具有无机材料的优点也具有有机材料的优势，通过复合克服了单一材料带来的局限性，是未来减反射膜材料研究发展的方向。

二、按结构分类

光学膜的结构是影响其折射率的主要因素，因此，按光学膜内部结构也可以进行分类，在本书中主要分为以下三类。

1. 高致密结晶膜

原始的减反射膜都是单一材料的结晶膜或高致密堆积膜，例如：MgF_2、

SiO₂、SiN 等，这类膜的减反射效果完全取决于材料本身的折射率，所以，减反射效果是固定不变的，这种结构的减反射膜的改进方法只能是调整原料组分组成，但调整空间有限，使用范围受到局限。

这类膜的制备方法有化学气相沉积法（高致密减反射膜的制造方法）、气相沉积法（也叫 CVD 方法），在早期玻璃镀膜中最常见。

2. 无规堆积颗粒多孔减反射膜

这类减反射膜，已经克服了材料本身折射率的局限，在材料性质确定的前提下，可以通过结构设计改变光学膜的折射率。一般地，这种减反射膜都是无机氧化物和金属氧化物，通过化学方法或物理方法制造获得。近年来这种膜研究最多的就是溶胶-凝胶法获得的减反射膜。原料主要是 SiO₂、TiO₂、ZrO₂ 等这些可以进行水解再凝胶的分子多孔材料，一般是无机材料。也有通过类似刻蚀法制造的高分子多孔减反射膜，这种膜的主要材料是聚甲基丙烯酸甲酯（PMMA）多孔膜或聚氨酯（PU）多孔膜、硅橡胶多孔膜等。虽然这些减反射膜的原材料折射率是固定的，但减反射膜的结构却是可以设计的，其变化空间很大，例如：孔隙率、孔结构、孔形状等都可以改变。在这类减反射膜内不仅有分子内的微、纳米孔，还可以设计制造尺度不同的宏观孔结构，图 3-8 就是溶胶-凝胶法获得的实例之一。从原子力显微镜照片可看到（图 3-8），同样材质的减反射膜，因为实施工艺不同，孔结构和孔隙率都不同。

 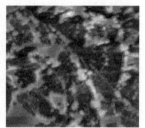

(a) 高致密堆积多孔型   (b) 高致密人工制成多孔型

图 3-8　无规颗粒堆积膜（AFM 照片，尺寸：2μm×2μm）

这类减反射膜的制备方法有很多种，包括：化学方法中的溶胶-凝胶法、原位聚合法、刻蚀法等[5]；也有物理法中的磁控溅射方法、气相物理沉积法等。

多孔减反射膜的设计与制造是太阳能电池减反射膜的主要类型，由于太阳能电池应用中对膜耐老化性能的严格要求，多孔减反射膜的制造在选材或者工艺上，更多的是以首先满足使用条件为前提，同时，制造成本、加工工艺可行性也是研究的主要参考因素。

3. 高度有序中空结构减反射膜

这类结构的减反射膜起源于天然结构，其设计原则为以天然结构为借鉴设计的结构，即仿生结构，图 3-9 展示了天然的蛾眼结构微观图像。

（1）蝇眼结构

我们知道，在大自然中，许多动物随着环境的变化和自身的进化，会有很多完美的属性，像苍蝇、飞蛾、蝴蝶等飞行昆虫的眼睛，都具有天然的避光能力，无论光线从哪个角度入射到其眼睛上都不会产生明显的反射，表现出惊人的优秀属性。经过测试结果表明：它们的眼睛具有全向的宽波段减反射特性。

发现这一特点后，科学家们利用扫描电子显微镜对飞蛾等的眼角膜进行了详细的观察和研究，研究结果发现，这些飞行昆虫的眼角膜表面结构是一系列有序排列的圆锥形凸起阵列结构（图 3-9）。图 3-10 是蝶类眼角膜的微观结构和人为设计的仿生结构扫描显微电镜照片。

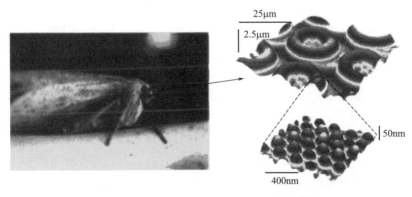

图 3-9　蛾眼的复眼和小眼的微观结构[3]

(a) 蝶类眼角膜的表面形貌　　(b) 离子刻蚀后晶体硅纳米锥阵列　　(c) 等离子刻蚀后石英表面

图 3-10　人工设计制造的仿生结构 SEM 照片[3]

从图 3-9 和图 3-10 可以看到：蛾眼小眼的微观结构是由一系列有序排列的乳突结构组成的，而蝶类的眼角膜表面形貌也是由一系列有序排列的乳突结构组成，其乳突尺度在纳米范围内，而阵列结构在亚微米尺度范围。经过研究获得的结果表明：在这个角膜表面的同质透明层中，每一个纳米结构突起相当于一个减反射单元，产生低反光性，减反射的结果使它们的眼睛看起来非常黑，即使在夜间飞行也不易被察觉。因此也解释了为什么飞蛾和蝇、蝶类的飞行速度和遇到障碍物时的反应速度。特别是蝇类的飞行速度那么快，其视力不受环境光线的影响。

通过蛾、蝶、蝇类等飞行昆虫眼睛的结构研究[6,7]，发现这种纳米阵列结构具有以下优点。

① 单纯的结构和材质使它具有高度的机械稳定性和耐受性。

② 这种球状表面阵列结构，可以在很大、很宽的波长范围内和光在任意角入射时，都具有良好的减反射性。

以上研究结果给人类提供了最好的实践样本，为人们仿生制造提供了最好的借鉴。人们发现，通过仿生设计可以制备和昆虫的复眼的乳突阵列相似的结构，可以获得最好的减反射膜。此外，由于人工设计的原因，还可以对结构的尺寸、形状等进行调整，达到使用性能最佳的目的。图 3-10 中的离子刻蚀后的晶体硅纳米锥阵列和等离子刻蚀后的石英表面阵列结构，就是最好的实例。

基于对天然有序阵列结构分析和研究，仿生制造这种减反射膜已有许多人在进行研究和制备，已研究的方法主要有：化学刻蚀技术、电子束刻蚀技术、纳米压印刻蚀和干涉刻蚀技术等。其材质的选择也无外乎无机材料、有机树脂，或者无机-有机复合材料。

在发现了这一天然结构的优越性之后，这种结构的减反射膜研究非常迅速。从 2005 年起，D. G. Stavenga 等通过扫描电镜研究了多种蝶类眼角膜的表面和横截面形貌，获得了对应亚波长针尖阵列的几何参数，在此基础之上，运用薄膜特性矩阵法模拟计算后，获得了此类结构的光谱特性。Jiang 等以旋涂的单层胶体晶体硅为模板，结合等离子刻蚀技术制备了长径比高达 10 的纳米锥阵列，研究表明这种阵列在很大波长范围内具有良好的减反射性能。Yang 等则以胶体晶体微球为掩膜，利用等离子刻蚀技术在石英表面上制备出类似于飞蛾角膜结构纳米锥阵列结构，其周期 210nm，高度 236nm，在 610～730nm 波长范围内，这种结构膜的透过率超过 99%。

同时，人们也直接在太阳能电池和封装材料上进行蛾眼结构处理，例如，S. A. Boden 等在硅太阳能电池中，对实验室电池（空气/硅界面）和封装好电池［乙烯-乙酸乙烯共聚物（EVA）/硅界面］表面制造这种结构后，电池效率分别提高了 2% 和 3%，甚至封装好电池的硅膜蛾眼结构的反射率仅比自然结构的眼角膜反射率低了 0.6%。N. Yamadal 等在晶硅太阳能电池薄膜中，以聚丙烯酸树脂也制备出了蛾眼结构，在 400～1170nm 波长范围内，其反射率低于 0.87%，甚至在 400nm 处反射率最低，可达到 0.1%，比任何多层多孔膜的减反射效率都高。

（2）渐变结构减反射膜

渐变结构是一种折射率在膜厚方向变化的光学膜结构。这种结构的减反射膜折射率仅沿膜层表面的法线方向逐渐变化，但在垂直于法线的水平方向上保持不变，是一种非均匀的光学薄膜。由于折射率的渐变，可以达到渐进改变膜层法线方向上的折射率，达到控制改变光子传播路径的目的，消除了传统光学薄膜结构中膜层之间的界面突变。并且，根据使用要求，可通过调整膜的性能，满足一些对光学膜特殊性的要求，得到更理想的光学特性薄膜和提高膜性能。

渐变折射率减反射薄膜的制备方法也有很多种，主要包括：干法刻蚀、湿法刻蚀、斜角沉积法、多层涂敷等方法，其中干法刻蚀又可分为电子束刻蚀、离子刻蚀以及光刻技术等。J. Shieh 等采用电感耦合氢气等离子体处理硅片，通过改变刻蚀速率以及刻蚀时间等参数优化后的硅片，制备出了平均直径只有 20nm 的纳米结构，其在 200～900nm 波长范围内的平均反射率达到 4.5%。

通过电子束与离子刻蚀技术相结合的方法，在晶体硅基底上也可以制备出周期为 150nm、高度为 350nm 的圆锥体阵列结构，其在 400nm 处的反射率可以达到 0.5%。例如：C. C. Striemer 和 P. M. Fauchet 等采用湿法刻蚀利用氢氟酸和酒精混合液为电解液，制备得到了渐变折射率的多孔 P 型硅，其厚度 107nm，此多孔硅在 400～1000nm 波段内的平均反射率降低到 3.7%。另外，利用斜角沉积法，J. Q. Xi 等以 SiO_2、TiO_2 材料为基材制备出了折射率从 1.05 逐渐变化到 2.7 的不同膜层，同时研究了沉积角度与薄膜折射率的关系。采用这种方法在氮化铝基片上制备 5 层、具有折射率渐变的减反射薄膜，可实现全角谱、宽波段减反射效果。

总而言之，减反射膜的类型无论有多少种，其本质是在可使用的范围内，通过调整组成、结构，将光学膜的折射率降至最低，以达到最大提高光学器件透过率的目的。

参 考 文 献

[1] 刘建民. 太阳能利用. 北京：电子工业出版社，2010.

[2] 李建芳，周吉敏，王君. 光学薄膜制备技术. 北京：中国电力出版社，2013.

[3] Stavengal D G, Foletti S G, et al. Light on the moth-eye corneal nipple array of butterflies [J]. Proceedings The Royal of Society B, 2006, 273: 661-667.

[4] 唐亚陆，胡光. 增透膜反射率与膜层折射率及膜厚之间的关系. 淮阴工学院学报，2008, 17 (3).

[5] Striemer C C, Fauchet P M. Dynamic etching of silicon for broadband antireflection applications [J]. Applied Physics Letters, 2002, 81 (16): 2980-2982.

[6] Boden S A, Bagnall D M. Optimization of moth-eye antireflection schemes for silicon solar cells [J]. Prog Photovolt: Res Appl, 2010, 18: 195-203.

[7] Yamada N, et al. Optimization of anti-reflection moth-eye structures for use in crystalline silicon solar cells [J]. Prog Photovolt: Res Appl, 2011, 19: 134-200.

第四章

减反射膜的设计与制造

减反射膜的设计和制造是一个系统工程，从设计到制造，必须满足太阳能电池减反射膜的适用条件，保证减反射膜的使用寿命和在各种极端条件下性能的稳定性。这些涉及光学膜基础理论、材料化学、材料物理和材料加工工艺学等方面的知识。

对于减反射膜的设计，必须从光学膜的结构设计出发，在光学原理的基础上，结合材料学和材料加工工艺学，根据减反射膜使用要求，设计具有良好减反射效果和物理化学性能同时兼具的光学薄膜。

减反射膜的设计思想和基本要求有以下几点。

① 首先，对于太阳能电池减反射膜而言，获得具有减反射性能的光学膜，减反射率是第一考虑的参数。根据前面介绍的光学原理，在用于太阳能电池批量生产的前提下，设计单层减反射膜时，当入射波长确定后，其膜厚度为入射波长的 1/4，膜厚度与膜材料的折射率无关，只与入射光波长有关，在确认入射光波长为 550nm 后，厚度为波长的 1/4 整数倍，即 137.5nm 的整数倍。确定膜厚度之后，根据公式 $nd = \dfrac{\lambda}{4}$，减反射膜的减反射效果只与膜材料的折射率有关，在膜材料折射率已知的情况下，则膜减反射率取决于膜的结构。

从膜的光学原理可以看到，光学膜的折射率越低，其减反射效果越好，提高透过率越高。因此，在太阳能玻璃减反射膜的设计中，可以确定一个宗旨，尽量制造折射率低的光学膜，这是设计减反射膜的第一要素。

② 其次，根据材料学理论，材料的折射率大小由材料的性质决定，所以选择什么样的材料成为制造减反射膜的重要参数。虽然材料性质决定其本身的折射率，但材料的结构却是可以通过制造工艺过程而改变的，特别是在使用纳米技术从分子水平上制造材料时，材料的结构是可以进行设计的。从材料学可知，结构材料的折射率与其孔隙率成正比，孔隙率越大，结构材料的折射率越小，结构材料的减反射效果就越好。那么，在选择材料时还有一个可以变通的空间，就是材料本身的折射率并不能绝对限制其使用。即选择光学的膜原料时，可以不受原料折射率的限制，因为通过结构可以调整、提高光学膜的光学性质，结构的可设计

性拓宽了材料的选择范围。

③ 考虑使用目的，太阳能电池减反射膜的技术要求，除了减反射功能的要求外，还必须满足太阳能电池的使用条件，例如：太阳能电池的物理化学性能、力学性能、耐老化性能以及所有太阳能电池使用中的各种不同天气条件下的耐候性要求。

④ 减反射膜用于太阳能电池，属于工业产品，所以必须满足成本低、工艺易于实现、生产条件可规模化、批量生产、适应连续作业等制造要求。从生产实际出发，可以确定单层、中空结构的减反射膜是最适合太阳能电池提高减反射的光学膜。至于如何实现高效减反射膜制造工艺，则取决于原料性质和工艺设计。但是，工艺设计必须满足低成本易于生产的前提。

本书只介绍简单易行的单层减反射膜生产方法、加工工艺和生产设备。

此外，由于节能环保的需要，太阳能热水器的发展近年来也极其迅猛，所以在太阳能热水器的加热板上也可以应用减反射膜提高制热效率。

目前，太阳能行业中对于减反射膜的技术要求越来越高，这些涉及对减反射膜的性能、耐老化能力、生产成本、镀膜施工条件等诸多因素的要求越来越严格，并且，随着市场对减反射膜的使用、验证，促进减反射膜生产技术越来越成熟。从生产成本、工艺实现难易考虑，大多数厂家也都选择了单层减反射膜技术，特别是批量镀膜生产中采用了辊涂涂膜技术。

本章根据笔者多年来从事减反射膜技术的设计和生产实践经验，分别介绍了单层减反射膜的设计和应用，并针对目前广泛应用的涂层法，对减反射膜涂料、加工工艺、生产设备等进行了详细介绍。

第一节　无机化合物单层减反射膜的设计

从光学原理我们知道：在厚度确定之后，光学薄膜的折射率是减反射效果的关键，对于太阳能电池而言，工艺简单、成本低、加工方便的方法才是具有应用价值的技术。随着太阳能电池应用的日益增长，单层减反射膜已成为太阳能玻璃行业中广泛使用的减反射膜技术。因此，研究开发和推广单层减反射膜形成了太阳能电池领域的大趋势，特别是近年来，由于灰尘、空中飘浮的有机物等原因，给太阳能电站清洁问题带来的问题越来越明显，极大影响了太阳能发电的生产效率和输出电量的稳定性，开发一种防污染减反射膜的需求变得更迫切。因此，本书从设计角度出发，分别介绍太阳能电池减反射膜的设计，并从理论角度论述减反射膜的基本设计原理。

单层减反射膜设计的理论依据是薄膜光学原理，我们在第三章中涉及的影响光学薄膜减反射效果的主要因素有：光学膜厚度、膜折射率、膜与底材折射率的差值、膜层数等，在确定使用单层膜后，膜厚度也可通过理论计算确定，那么，现在设计中，唯一可以改变的因素就是膜的折射率。

由前面的论述可知，光学膜的折射率越小，其产生的减反射效果越明显，即反射率越小，提高太阳能玻璃的透过率越高。所以，在选用减反射制造原料时，应尽量选择折射率小的材料，早期的减反射膜材料 MgF_2 就是最典型的例子。

尽管如此，影响光学膜的因素也有很多，例如：原料的物理化学性质，在制造减反射膜过程中，也有很大变数，例如：工艺过程和参数等。对减反射涂料而言，仅仅涂料的时间稳定性就是一道难关，工艺过程中，涂料的表面张力、挥发性等也是工艺实施中考虑的重要参数。下面，重点介绍减反射膜设计的主要因素。

一、材料的选择

无机材料的优点是：

① 耐老化能力强，例如：耐紫外线能力，耐高、低温能力，耐冲击能力，耐腐蚀等都容易达到太阳能电池使用 25 年的要求。

② 价格低，一般用作太阳能玻璃的减反射膜无机材料大多数是非金属或非贵金属化合物，例如：SiO_2、Al_2O_3、TiO_2，这些材料价廉易得，耐老化能力强，是常用的原料。

③ 不使用或少使用有机溶剂，相对污染小很多，特别是近年来水性减反射涂料的开发，有机溶剂的用量逐渐减少，水成为减反射涂料的溶剂首选。尤其是溶胶-凝胶法的大量研究，使得无机材料在减反射膜领域的应用独领风骚、冠压其他材料。一般的溶胶-凝胶法制备的减反射膜基本是一种或几种多价金属氧化物复合的无机多孔材料，溶剂也以水为主要溶剂，属于绿色涂料。在减反射膜制造中，减反射膜涂料是核心技术，工艺条件是由减反射膜涂料的要求确定的。

二、结构设计

从减反射膜的设计思想可知，光学膜的厚度、孔隙率是影响膜的各项技术指标的重要参数，首先讨论膜厚度问题。

（一）减反射膜厚度

涂层厚度是指减反射膜的厚度，在此，减反射膜透过率与入射波长有关，目前，在太阳能行业，一般入射光波长采取太阳能光最大的波长为基本参数，即选定测试波长为 $\lambda = 550nm$，因此，按此波长计算，膜厚 d 应该为：

$$d = \frac{n\lambda}{4}(n = 1, 2, 3, \cdots, 正整数) \tag{4-1}$$

$$\lambda = n \times 137.5nm$$

即减反射膜的厚度为 137.5nm 的整数倍，从节约成本的角度考虑，为节省材料，一般选择 $n=1$，或者 $n=2$。

但是由于一般无机材料的减反射膜都是多孔膜，而膜厚度与膜的折射率也有关系，所以，在生产实际中，对于多孔膜的减反射膜，厚度一般在 $80\sim120nm$，有些用户为力学性能和耐老化考虑，结合太阳能光谱波长范围（一般取 $380\sim1100nm$），实际上的减反射膜膜厚度控制在 120nm 左右。

（二）孔隙率

减反射膜的孔隙率大小直接影响膜的反射率，而孔隙率的大小取决于膜的结构，因此，膜结构设计很重要。光学膜的减反射率是随着孔隙率的增加而增加的，但孔隙率大小也直接影响减反射膜的硬度和耐磨性，并且实践表明：孔隙率的大小和硬度与耐磨性互为倒数关系，即随着孔隙率的增加，硬度与耐磨性都下降。所以，在硬度和耐磨性许可的情况下，一般是孔隙率越大越好。但考虑到单层膜的耐老化性能和其他性能，往往不能做到理论计算的孔隙率，而是留有一定余地，实际孔隙率小于理论孔隙率。目前实际应用中，最好的减反射膜的减反射率也仅仅 3.0%，当孔隙率太大时，减反射膜的耐磨性和其他耐老化性能明显下降。

为了理想的孔隙率，一般设计时，选择溶胶-凝胶法制备的多孔材料，选材基本是三价、四价金属化合物为原料，在本征孔隙率低的情况下，可以通过添加剂制造人为孔隙率。

我们实践研究的一个重要发现是：多孔结构对不同波长的太阳能光谱有更多的漫反射现象，使得多孔光学膜的减反射效果比密堆积的光学膜更好，由于实际中所制备的多孔孔径存在一定分布，反而有利于减反射效果，这种大小孔分布不均的现象，反而使减反射波长的范围扩大，多孔膜变成了宽波长域值的减反射膜。

（三）表面结构

在光学膜中，表面结构影响膜的漫反射，对于中空的减反射膜，低折射率减少了膜的反射，但表面结构，包括粗糙度，也影响膜的折射率，理想的减反射膜表面是粗糙的，可增加漫反射、减少太阳能反射，但粗糙表面影响减反射膜的清洁度，所以，在不同使用场合，例如：干燥和潮湿地区，最好使用不同表面结构的减反射膜，干燥地区使用超疏水平滑表面的减反射膜，潮湿地区使用超亲水粗糙表面的减反射膜。一般情况下，无机材料多孔膜是很难获得超平滑表面的。

第二节　有机聚合物减反射膜的设计

有机高分子材料的优点是容易涂覆成膜、附着好、耐酸碱、耐磨、抗冲击、质量轻、价格可控、材料易得，但硬度小，耐高温性能差。高分子膜易于通过分子设计在制造过程中通过聚合，合成获得所设计的结构，并可通过配方调整折射率等技术指标，获得理想的减反射膜。

由于减反射膜的应用基材和应用要求不同，使用场合不同，使用高分子树脂减反射膜可以弥补无机材料的限制。这方面的应用有很多，例如：树脂眼镜片的减反射、塑料膜的增透等有机基材或无机基材的场合都可以使用有机高分子减反射膜。

在减反射膜的应用上，采用高分子材料的研究很多，例如：通过在太阳能玻璃上制造多孔 PU 胶膜获得的减反射膜，通过丙烯酸酯与 SiO_2 在太阳能玻璃上的原位聚合获得减反射膜等。一般地，这类减反射膜大多用于室内，例如，透镜、平板显示器、展示窗玻璃、地铁隔门等。因为有机材料相对于无机材料，大多数不耐紫外线辐射和热氧老化，即高分子材料耐候性不如无机材料。在太阳能电池上的应用仍处于研究阶段，还未见具体的应用实例。

近年来，有人研究了纯有机树脂的表面热压减反射膜在太阳能电池面板上的应用，从热压树脂的加工工艺和模具的精度考虑，这种减反射膜的设备投入成本相对较高。期待有低成本、效果好的热压减反射膜在太阳能电池使用上出现。

在减反射膜的应用中，高分子材料与无机材料比较，不同之处在于高分子材料的优点是易于加工成膜，在制膜工艺中，可低温干燥，膜的均匀性好，色差小，膜表面致密，不易沾灰尘，易于清洗。明显的缺点是耐候性差，使用寿命短，硬度低，减反射效率较低。由于高分子树脂不耐高温，这类减反射膜的制膜只能在玻璃钢化后进行镀膜，其工艺流程一般为清洗、涂膜、烘干等，比无机材料的减反射膜加工工艺简单，但可选择余地小，所得减反射膜一般为致密膜，除非专门制作多孔膜，多孔膜的制造常用的都是添加剂法，如前所述，模压法设备成本高，模压温度高，导致生产成本也提高。

一、材料的选择

高分子减反射膜的折射率和无机材料减反射膜一样，其大小取决于膜材质的折射率。由于一般高分子减反射膜为致密膜，所以，减反射膜的折射率基本只和原材料折射率有关。因此，对于高分子减反射膜原料的选择极为重要。一般人们都选择折射率较小的硅树脂、氟树脂或硅氟树脂。

氟树脂的折射率远小于硅树脂，仅从折射率考虑，是理想的原料。但是，氟树脂存在的问题是附着力差，在玻璃上分散性不好，使施工比较困难。或者加工温度高，增加了生产成本。另外，氟树脂价格较贵，也不适合大量使用在太阳能玻璃上。除这些问题之外，氟树脂存在环境污染问题，氟树脂排放环境中，对环境和人都有一定的危害，这也限制了氟树脂的使用。后来，人们对氟树脂进行了改性，期待可广泛用于太阳能电池减反射膜的氟树脂出现。

硅树脂是折射率较低的一类树脂，并且其品种很多，可选择范围比较大，硅树脂的耐老化性能非常优越，尤其是耐候性，是一种非常优异的减反射膜原材料，也被广泛使用。但也存在价格较高的问题，所以，有人开发了PU复合树脂和聚丙烯酸酯复合树脂，旨在用于太阳能电池减反射膜，这两种复合树脂的耐紫外效果好，也可以进行发泡制造多孔膜，或制造折射率渐变膜。还有其他树脂可开发，特别是复合树脂的利用，都是可挖掘的领域。

综上所述，寻找开发价格低廉、耐老化性能佳、易于制造成膜的有机高分子材料也是今后相关领域研究者的一个方向。

二、结构设计

高分子减反射膜厚度大小也和材料的折射率及其结构有关，减反射膜厚度大小可以按照式（3-11）计算得到，因此，对于致密减反射膜，其厚度采用理论计算值即可。但对于中空结构的减反射膜，或者非常规中空结构膜，减反射膜厚度是一个孔隙率的函数，如果按式（3-11）计算，必须有减反射膜的准确折射率，其厚度才能准确获得。

高分子树脂的减反射膜结构设计，已有的结构包括压模法获得的类似水上动物的表面毛刺结构、表面压花结构、中间空心结构、中间网络结构等。凡是可用以减少折射率的所有方式都有人进行过研究，所以从仿生的角度还是借鉴无机多孔材料结构，包括分子筛结构，一般都会通过合成高分子的过程中获得。

由于高分子材料具有一定的弹性，模仿自然中的蛾眼结构，可以获得远远好于无机材料的蛾眼结构，尤其在耐磨性方面，有机高分子材料比无机材料的耐磨性好得多，而且耐冲击性也是无机材料不可比拟的。

第三节　无机/有机复合多功能减反射膜的设计

综合无机减反射膜和有机高分子减反射膜的性能特点，可以看到：无机减反射膜的优点是具有高透过、较高硬度、良好的耐候性、价格低廉等，而缺点是抗冲击性能、耐磨性能等力学性能限制了减反射膜具有更高的折射率。高分子减反射膜的优点是涂覆性好，易于形成均匀膜，耐磨性好、抗冲击能力强、耐酸碱腐蚀、质量轻、致密性好、易于清洁等，缺点是硬度低、耐高低温能力差，不如无机减反射膜。

基于以上对比，结合两类材料各自的优缺点，人们开始研究开发无机/有机复合材料的减反射膜。在调整涂料配方的基础上，获得同时具有无机材料和有机材料各自优点的新型减反射膜，并出现了无机材料和有机材料单独使用时不具备的特点，例如：更大的减反射率、更高的硬度、更好的耐磨性、更持久的耐候性等。

随着太阳能产业对减反射膜的要求，户外使用的减反射膜除了透过率、硬度、耐候性等指标外，为了减小维护太阳能板的性能效果带来的成本，使用者还希望减反射膜表面具有自清洁效果。例如：不沾水、不沾油、不沾灰或超亲水、光催化等能够具有自动或易于清理玻璃表面污垢的特性。在这类减反射膜中，一般无机材料的减反射膜为多孔膜，表现为亲水或超亲水，在加入具有光催化材料 TiO_2 的基础上可以具有光催化效果。在雨水和阳光条件下，减反射膜可以分解落在玻璃表面的有机油污，并被雨水自动冲走达到自清洁效果。

一般高分子材料减反射膜多为高致密膜，即使是多孔膜或中空结构，由于硅树脂或氟树脂膜都具有疏水特点，如果采用的高分子树脂膜中含有氟树脂或硅树脂，则减反射膜还可以具有不沾水和不沾灰的效果。在制造高密度含氟硅树脂的减反射膜时，还可以达到超双疏的效果，既不沾水也不沾油。

大多数太阳能电池都是使用在沙漠、空旷地区，尤其在干燥地区，雨水少，风沙或灰尘大，清洗太阳能电池表面成为使用者巨大的经济负担。一般为了维护太阳能电池表面的清洁度，保证维持太阳能电站的发电量稳定，几乎每周都要进行一次太阳能电池表面的清理，特别是在沙漠地区，这个工作量和用水量是巨大的，成为太阳能电池使用中的重要运行成本之一。同样地，在石化厂附近或空气中有油污的工厂附近区域，太阳能电池表面的清洗不仅需要大量的水，还需要强酸、强碱和洗涤剂，也对环境造成巨大的污染。因此，开发具有自清洁效果的减反射膜一直是太阳能电站希望的结果和研究者追求的目标。

一、材料的选择

目前，市场上减反射膜有很多种，但大多数都是以 SiO_2 为主的减反射膜，这类减反射膜有很多种，例如：以 SiO_2 与树脂复合的减反射膜，这类涂料有 SiO_2 与聚丙酸树脂复合的溶剂型涂料，也有 SiO_2 与硅树脂复合的水性涂料，还有 SiO_2 与 TiO_2 复合的溶胶涂料等，这类涂料的设计原则都是利用 SiO_2 的低折射率和树脂的可涂覆性及其与基材的黏合性，获得在太阳能玻璃上具有减反射效果的涂层。这类涂料成膜性优良，附着力好，耐老化性能优异，广泛地应用于太阳能电池中。除此之外，无机-有机复合的减反射膜的研究有很多种，原则上无机材料大多数选择低折射率的 SiO_2 或者 Al_2O_3 等材料，功能上无机材料主要起到低折射率的作用。树脂的选择范围宽一点，可选择有机硅树脂、有机氟树脂、聚氨酯、聚丙烯酸酯、环氧树脂或其他复合树脂等。

首先，选材时，避免使用具有苯环的有机树脂或其他易于光氧化或热氧老化的树脂材料，以防止减反射膜使用过程中发生黄变或粉化，影响其使用寿命。因为太阳能电池减反射膜都是使用在户外阳光下，且经常处于高温条件下，或者其他低温、霜冻以及高温高湿、盐雾、风沙等极端苛刻的天气条件，因此，耐老化性能是太阳能玻璃所用减反射膜材料的一个非常严格的技术要求。

其次，无机-有机复合材料的减反射膜折射率与各组分材料的折射率 n_i 以及其所占百分比 p_i 有关，根据复合原理，一般地，复合材料的折射率 n 为各个组分的加和。

$$n = p_1 n_1 + p_2 n_2 + p_3 n_3 + \cdots + p_m n_m$$
$$= \sum p_i n_i \quad (i = 1, 2, 3, \cdots, m) \tag{4-2}$$

设计膜材料时，在满足耐老化性能的前提下，尽量选择使用折射率低的组分和尽量减少高折射率组分的含量。

无机-有机复合材料的减反射膜厚度大小，复合材料的减反射率直接由其复合的各组分的折射率决定。一般生产中的无机-有机减反射膜的折射率可控制在 1.35～1.28，这种情况下，一般为多孔膜，所以无机-有机复合材料的减反射膜厚度在 100～130nm，我们知道，生产实际获得的减反射膜不仅和折射率有关，也和实际的工艺操作方式、生产条件（环境温度、湿度、换气风量等）有关。所以，实际的减反射膜厚度可根据现场情况调整。甚至，对同一减反射涂料，生产人员根据膜的外观、颜色都可判断出厚度是否合适。对于多孔无机-有机复合材料制备的多孔减反射膜，经验而论，外观上，目测为黑色的减反射膜，其减反射率大约 1%，减反膜呈现蓝色时，其减反射率为 2% 左右，以此类推，表面呈紫色时，减反射率达到 3%，表面呈紫黑色时，其减反射率达到 3.5～3.9%；反之，光学膜表面呈绿色或红色或金黄色时，表现为增反射膜，其增反射率分别为大约 1%、2%、3%。所以，在生产实际中，通过肉眼观察，也可判断减光学膜的功能效果，预估出反射率的大致范围，这也是我们多年研究开发减反射膜总结的经验。

研究开发无机-有机复合材料减反射膜的目的就是希望得到多功能的性能更好的减反射膜，所以，无机-有机复合材料减反射膜除了具有高透过、高硬度、高致密、更长的耐候性外，一般还考虑赋予其疏水、疏油、疏灰的性能，这些附加性能使减反射膜更具有使用性和更大的使用范围，甚至潜在的应用和市场。

尽管增加减反射膜功能是一个更完美的希望，但在制造技术上仍存在许多难以逾越的障碍，常见的减反射膜仅具有一种自清洁功能，或亲水，或疏水，或疏灰，很难达到同时具有几种自清洁效果，这也给后面的研究者留下了巨大的改进空间。

二、结构设计

如前所述，从节约成本、易于产业化和规模化考虑，太阳能电池的减反射膜都采用单层膜。在入射光波长范围确定为 380～1100nm 后，膜厚度按入射波长 550nm 来确定，一般为平均 120nm，误差在 ±20nm，即减反射膜厚度为 100～150nm。

在满足入射光波长、膜厚度、减反射率等这些确定的条件下，在减反射膜设计中的参数，只有膜的折射率一项可调，而满足低反射率这一参数的条件却涉及材料的性质、材料的结构、光学膜的制造工艺、在线生产的工艺过程和控制指标等。因此，减反射膜的设计必须从材料选定、材料配方设计、对环境的影响、工艺实施的可行性、成本因素以及光学膜的耐老化性能等考虑。分析材料性能是从结构与性能关系出发，但设计产品却是从性能入手，反过来选材和设计结构满足性能要求。

在整个设计具有低减反射率光学膜到获得满足产品使用要求的全部过程中，涉及化学、物理、材料学、化学工程、生产设计等。那么，为了最大限度地获得减反射率，无论无机材料还是有机材料的减反射膜结构，在设计中，都希望孔隙率越大越好。对于无机材料减反射膜，已有多孔结构、中空结构，对于有机材料减反射膜，已有毛刺结构及自然界中蛾眼的乳突结构等。而在无机-有机复合材料中，对于所设计的材料结构，为了降低光学膜的折射率，也尽量减少材料密度，所以有几种结构可以选择，即：多孔、中空、毛刺、乳突、渐变结构等，甚至可以利用分子间的微孔，例如：分子筛的空隙，来减少光学膜的反射率。

无机-有机材料复合，使材料本身具备了无机材料的高硬度、耐高温等优点，同时也具备有机材料易于成型、弹性好、质量轻等优点，因此在结构上，有更大的空间可设计和制造具有更大孔隙率、更耐老化等优点的减反射膜。

特别是近年来反应性减反射涂料的开发，可以在涂膜后材料在基材表面进行合成反应，产生设计结构的减反射光学膜，并使膜表面具有特殊功能，例如：防水、防灰、防油等自清洁性能[1-3]，为更有效地利用太阳能电池发电提供了巨大的利润空间。

第四节　减反射膜的制备方法

减反射膜是光学薄膜的一种，其制造方法和大多数光学薄膜的方法一样。制造减反射膜的方法包括化学法和物理法以及化学法和物理法的结合形成的综合法。

因为减反射的特殊性，可针对性地设计制造特殊结构，采用不同的工艺方法。

一、化学法

化学法的特点是在光学膜的制造过程中原料之间发生了化学反应，生成的新物质形成光学功能膜。这种方法包括以下几种。

（1）化学气相沉积法

这种方法也叫 CVD 法，是一种通过气化原料进行化学反应制造高致密光学膜最常用的方法，以甲、乙、丙等两种或两种以上的组分为原料，通过原料气化后材料之间进行的化学反应，形成新物质后，沉积在被镀基材表面，形成光学膜。例如：氧化物 MgF_2 减反射膜的制造，就是采用这种方法。化学气相沉积法包括所有的化学反应，包括氧化法、还原法、酸碱中和法等。

气相沉积法的优点是膜性能可设计，通过不同原料配方可得到不同组成的光学膜，但由于经过了气化过程和化学反应，对设备要求较高，例如：气密性、防腐性和耐压性等都有严格的要求，因此导致设备成本比较大。这一方法在制造特殊光学膜上有一定的应用。

（2）化学刻蚀法

这种方法是最早发现和使用的一种用于减反射膜制造的方法，分为酸刻法和碱刻法，主要是根据刻蚀剂是酸还是碱来分类。

酸刻法是采用酸溶液作为刻蚀剂，常用的有氢氟酸，或者氢氟酸为主的复配液，对玻璃表面进行刻蚀，可以获得预计的结构表面，这种方法已用于磨砂玻璃、刻花玻璃工艺中。近年来精细化之后被用于减反射玻璃和防眩玻璃的刻蚀，其工艺有提拉法和喷淋法等。碱刻蚀法用的是碱溶液，例如最早的减反射膜就是使用苛性碱溶液刻蚀玻璃表面，获得多孔的玻璃表面，达到减反射目的。由于玻璃本身性质决定其具有表面腐蚀作用，甚至水在长期的过程中都会腐蚀玻璃，因此，给化学刻蚀法提供了启发。

酸性刻蚀法化学反应式如下：

$$4m\,HF + Na_2(SiO_2)_m \longrightarrow m\,SiF_4 \uparrow + 2m\,NaOH$$

碱性刻蚀法化学反应式如下：

$$2m\,NaOH + Na_2(SiO_2)_m \longrightarrow m\,Na_2SiO_3 + 1/2m\,H_2O$$

以上被腐蚀的产物经过冲洗、除去之后，玻璃表面形成一层多孔或凹凸表面，即可具有减反射效果，或磨砂效果，或防眩光效果。

化学刻蚀法的优点是工艺设备简单，酸、碱液成本低，生产易于实现，产品稳定性好。但污染严重，排放受限，目前在玻璃减反射膜领域使用这种技术的已经在减少了。

（3）溶胶-凝胶法

这种方法是发展最迅速的多孔功能膜（包括减反射膜）的制造方法，其原理是将多价金属有机化合物或多价非金属化合物，例如：硅酸酯化合物、钛酸酯化合物、锡酸酯化合物、铝酸酯化合物等，进行水解生成溶胶，溶胶涂在玻璃上，生成凝胶，经过干燥处理，形成固体功能膜。或者是非金属化合物，例如：硅酸酯等，第一步进行水解生成溶胶，然后，水解获得的溶胶与其他溶胶或者高分子化合物之间进行脱水缩合交联成网络形成凝胶，凝胶固化后，析出溶剂形成多孔膜，最后制备出功能膜，包括减反射膜。

其化学反应过程如下：

$$n\text{RO}-\text{M}-\text{OR} \xrightarrow[\text{H}_2\text{O}]{\text{H}^+/\text{OH}^-} n\text{HO}-\text{M}-\text{OH} \xrightarrow{\text{缩合}} \cdots$$

溶胶-凝胶法在减反射膜生产中的应用很普遍，特别是可制成各种功能膜涂料，通过不同配方的涂料，可获得不同效果和功能的光学膜，笔者在这方面做了大量工作，其具体内容在后面会有介绍。

（4）高分子交联法

高分子交联法是采用一种或多种高分子溶液或单体溶液，涂覆到基材之后通过加热或光引发后交联成网络结构，或聚合形成多孔树脂制备减反射膜的一种方法。这种方法主要是以有机高分子为主题材料制备减反射膜，包括高分子的互穿、交联和共混，利用不同高分子的各自优异性组合获得性能优异的减反射膜。这种交联的高分子方法有很多种，例如，聚丙烯酸酯交联法和聚氨酯交联法。

（5）原位聚合法

原位聚合法是制备无机-有机杂化减反射膜最常用的方法，这种方法是将高分子单体与无机小分子或聚合大分子共混之后，聚合生成交联网络结构膜，形成减反射膜，或者有机单体在无机分子网络中聚合生成有机大分子和无机大分子互穿的共聚物，形成减反射膜。

这种方法设计配方复杂、工艺要求高，但使用简单，易于制造，产品质量稳定，是目前比较热门的方法之一。

总而言之，所有的化学法制造减反射膜都是可以在分子水平上进行设计的一种方法。根据应用要求，可以根据原材料物理、化学性能，从原料配方开始进行设计。工艺条件可以根据应用需要进行调整，特别是赋予附加功能时，化学法有着无与伦比的、无限拓展的设计空间。可以在原料性质的选择、原料配比的确定、制备工艺流程、工艺参数的选择等方面，进行自由的选择和设计，获得任意要求的光学膜性质。

二、物理法

物理法是一种依靠设备对材料进行物理处理的方法。例如，压制、加热、蒸发、超声、微波等外在影响进行光学膜制造。其优点是生产稳定性好、光学膜厚度均匀、性质稳定。但设备精密度要求高，成本大，耗电大。下面介绍几种常用的方法。

（1）磁控溅射法

磁控溅射法是目前光学膜最常用的方法之一，目前大多数玻璃镀膜都采用这种方法，其原理是通过磁控设备发射的射线将靶材敲击成小颗粒，在基材通过时，靶材的小颗粒以溅射方式落到基材上形成光学膜，这种方法具有良好的工艺参数、设备的稳定性，所获光学膜均匀，性质稳定，目前，Low-E玻璃就是用这种方法生产。

（2）物理气相沉积法

物理气相沉积法也叫PVD法，其和化学气相沉积法（CVD）的区别是原料之间无需进行化学反应，而是直接气化冷凝后，沉积在基材上形成光学膜。

（3）模压法

模压法是近年来对于特殊减反射膜制造采用的一种方法，其原理是通过特殊制造的模具，对材料进行压制获得设计结构的光学膜。模具结构是根据使用要求设计确定的，这种方法有加热或不加热两种，加热时通过对固体涂料进行熔融然后成型，不加热时材料为液体经过模具固化后成型，这种方法通过设备与材料的匹配获得光学膜。例如，表面毛刺或锥形的减反射柔性薄膜太阳能电池封装膜就是用这种方法制造的。

物理法还有很多种，在此不再赘述。

三、综合法

光学膜的制备方法有很多种，结合化学法和物理法各自的优势，可以采用综合法。综合法是物理方法和化学方法的结合，例如：微波化学法、超声合成法、红外合成法等，这方面的应用有很多，请参考光学薄膜制备方法。

第五节　减反射膜的制备工艺和设备

减反射膜的制备方法有很多种，例如：磁控溅射法、化学气相沉积法、溶胶-凝胶法等，本章前面已有详细的介绍。

本书对减反射膜制造实施工艺，主要介绍的是目前市场应用较广泛的涂料法。这类涂料成膜的类型有二氧化硅粉末分散于树脂的固化法涂料、溶胶-凝胶成膜固化的反应性涂料和其他溶液加热固化类型的涂料，但都是采用溶液—涂覆—加热固化的工艺路线。因此，本书统称为涂料法制备减反射膜，在此，只介绍这类溶液涂料法减反射膜的制备工艺、技术要求、产品结构和生产。对于其他方法，如热压法和模压法等不涉及。

一、减反射膜的制备工艺路线和镀膜技术要求

第一种类型，玻璃钢化前镀膜，也叫钢前镀。这是玻璃还没有钢化前先将减反射膜涂上去，然后再钢化，这种镀膜经过高达 600℃ 以上的高温固化后，其附着力和其他力学性能都有明显提高。

这种钢前镀的工艺路线如下：

玻璃的清洗—涂料涂覆—烘干（低温固化）—钢化（高温固化）—玻璃清洗—包装

第二种类型，玻璃钢化后镀膜，也叫钢后镀，这种工艺也可以是针对其他基材的镀膜，其工艺路线如下：

玻璃的清洗—涂料涂覆—烘干（低温固化）—玻璃清洗—包装

与钢前镀相比，钢后镀工艺少了高温固化一步，甚至一些户外使用的减反射膜，低温固化一步，也可省略，直接自然干燥了。

① 玻璃的清洗　在玻璃镀膜技术中，最重要的是基材的清洗。因为玻璃是否清洗干净直接影响着所镀功能膜的质量、性能，诸如力学性能、光学性能、耐老化性能等，像减反射膜的附着力，基材表面如果不干净，减反射膜根本无法附着在基材表面，附着力不好，减反射膜的耐磨性会直接受到影响。所以，在生产中，玻璃的清洗是极为重要的一环，一般镀膜玻璃厂都有专用的清洗机和清洗剂，对被镀膜玻璃进行清洗。在清洗玻璃时，镀膜前最常采用的是弱酸性清洗剂，然后在工业玻璃清洗机上完成清洗，清洗也有标准，达到镀膜玻璃的清洁标准才可进行镀膜，否则，不能保证镀膜的质量。关于镀膜玻璃的清洗，已是成熟的技术，可参考相关文献。

此外，对于在户外的涂膜基材，涂膜前也必须进行清洗，否则，减反射膜的效果和质量都不能保证。

② 涂覆设备的清洗　减反射膜涂覆设备因工艺不同有几种，在涂覆之前的清洗极为重要。一是因为减反射膜是极薄的膜，均匀性要求高，减反射膜是有色的，稍微差一点厚度，就会出现色差，影响产品的外观；二是涂料大多是反应性固化材料，或含有树脂使涂料易于固化在涂覆设备上；三是光学膜在玻璃上的附着力取决于玻璃表面的状态和结构，如果表面清洁度不够，将导致光学膜附着力不够，带来光学膜脱落、耐磨性不达标、耐老化性能差等缺陷，因此，设备的清洗必须严格，达到生产标准才可使用。

二、减反射膜镀膜工艺

涂料的涂覆工艺对光学膜的质量和性能有极大的影响，涂覆工艺是实现光学膜功能的手段，因此，采取涂覆的方式对最后产品的质量有着决定性的影响。

目前在减反射膜生产中已投入使用的成熟的涂覆工艺主要有以下几种。

（一）喷涂工艺

这种工艺是减反射膜涂覆工艺上最早使用的方法，其工艺状况如图 4-1 所示。

喷涂工艺使用喷涂机来控制涂层的厚度，其工作原理为采用双作用式气动液压增压泵，通过全气控制换向装置压缩空气，控制气流推动配气换向装置换向使气动马达的活塞做稳定连续的往复运动，推动涂料经高压软管输送到无气喷枪，最后在无气喷嘴处释放液压，将液体涂料瞬时雾化后喷向被涂物表面形成涂膜层。

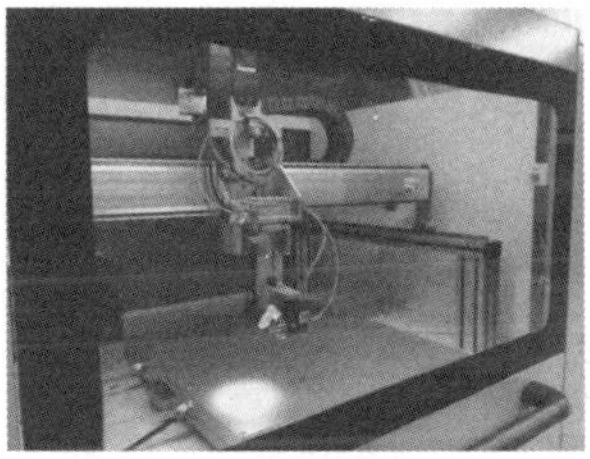

图 4-1　喷涂机[4]

其获得的涂层优点如下：

① 涂膜质量好，涂层平滑细腻，无痕。由于高压涂料是通过加压喷射雾化成细小的微粒，使涂料均匀地分布于底材表面，形成光滑、平顺、致密的涂层，无刷痕、滚痕，这是直接接触设备的刷、滚等原始方法无法比拟的。

② 产品质量稳定，厚度均匀，附着力好。

③ 生产效率高，涂料利用率高，对不规则材料可以涂到位。

目前喷涂设备是最齐全的，包括：空气喷涂机、高压无气喷涂机、空气辅助无气喷涂设备、低流量中等压力喷涂设备、无空气喷涂机、高效低压喷涂机和静电喷涂机等。

喷涂机是喷涂技术的关键设备，主要有采用高压有气或无气喷涂两类，在这种专用喷涂设备中，一般较新的为采用高压无气喷涂。即使用高压柱塞泵，直接将涂料加压，形成高压力的涂料，在喷出枪口时形成雾化气流喷涂在基材表面，经过烘干或自干形成减反射膜。相对于有气喷涂，无气喷涂的薄膜表面更均匀、更平滑。由于与空气隔绝，涂层薄膜更干净。根据机械类型，无气喷涂设备有气动式无气喷涂机、电动式无气喷涂机、内燃式无气喷涂机等。

然而，由于减反射膜的减反射效果是受膜层厚度影响的光学膜，对膜的厚度要求极其严苛，对膜的均匀性要求也很高，因此喷涂法受到了一定限制。一是因为喷涂很难在纳米尺度上获得均匀的涂层，这和涂料的含固量和溶剂挥发性有关，浓度较大的、溶剂易于挥发的涂料，其喷涂工艺极难控制膜的均匀性；二是对喷头的质量要求高，特别是反应性涂料易于出现堵塞喷头的现象，膜薄、喷头小、喷速控制严格，容易导致出现次品；三是喷头覆盖面大，为保证整个玻璃板面全部涂覆均匀，涂料经常溅射在玻璃之外，导致涂料浪费；四是由于喷速和流速慢，拉长了生产周期，生产效率较低，提高了时间成本。基于以上几种原因，喷涂工艺，包括超声喷雾涂覆工艺，在太阳能玻璃减反射膜大批量生产中，使用一段时间后，很快被淘汰。

（二）刮涂工艺

这种工艺使用膜厚度大于 $1\mu m$ 的膜材料比较好，减反射膜干膜厚度远小于 $1\mu m$，因此将涂料稀释后，加大了湿膜的厚度，可以达到预设的目标。

一般情况下，由于涂料湿膜厚度大，自流平受环境温度和压力影响，需要的时间和环境因素是控制减反射膜质量的重要技术要求，所以从目前来看，仍然难以通过刮涂得到大面积均匀的、理想的减反射膜，因此，这一方法更适合实验室试验小样片用。在生产过程中，产品稳定性是首先考虑的要素，刮涂工艺在能够控制技术参数的情况下，制造的减反射膜成本比其他方法低，但是刮板的精度和生产车间的温度压力控制以及挥发性溶剂的排放等问题，影响减反射膜的质量，至今为止，刮涂法在大规模减反射膜的生产上还未见应用（图4-2）。

（三）提拉工艺

提拉法是最早期用于减反射膜生产的主要工艺之一，例如，最早的刻蚀法制造的减反射膜，就是采用的提拉法，只是刻蚀法不是镀膜，而是通过刻蚀液将玻璃表面刻蚀，然后玻璃表面出现孔洞层，达到减反射目的。

如图4-3所示，提拉镀膜法的整个过程就是把需要镀膜的基片浸入到涂料溶液中，通过预先设置的速度，在一定的温度和空气环境下将基片慢慢提拉出来，然后将附着在基材表面的镀膜干燥，即可获得所需要的膜。

图4-2　小型刮涂镀膜机[5]　　　　　图4-3　小型提拉镀膜机[6]

提拉工艺有以下几个步骤：

①浸入溶液：将基片以预先设定的速度（最好无任何抖动）浸入镀膜溶液中；②浸泡：让基片在溶液中浸泡一定的时间，然后准备提拉；③沉积：在提拉的过程中，薄膜会沉积在基片上；④提拉：提拉的速度必须稳定，在提拉过程中

应避免任何抖动。提拉速度是膜层厚度一个重要的决定因素（提拉速度越快，膜层厚度越厚）。

在提拉的过程中，会出现涂料溶液的溢流，也存在溶剂的挥发，因此，提拉速度是工艺的关键。因为提拉速度影响膜的厚度、均匀性，所以，提拉机是关键。

目前，已有多种提拉机，但对于专用于薄膜制备的提拉机，其设备的技术要求很高。一般提拉机的技术参数要求有：提拉速度、提拉距离、溶液槽温度控制、环境温度控制、生产技术参数控制界面。目前国内外提拉机已有成熟的设备，其控制精度也越来越高。

提拉法在减反射膜的生产中已有使用，但由于提拉法是双面涂覆，一是浪费涂料，二是一次使用量大，三是逐渐补充原料影响涂料的含固量稳定，所以，也渐渐被淘汰，但这种方法特别适合实验室的小型镀膜。

（四）辊涂工艺

经过喷涂工艺、刮涂工艺和提拉工艺的检验之后，辊涂工艺渐渐在生产实践中显示其优越性，成为减反射膜生产的主力军，目前，几乎国内所有生产太阳能减反射膜的厂家都是使用辊涂工艺。辊涂生产线和设备如图4-4所示。

如图4-4所示，辊涂工艺已经成为成熟的大规模连续在线生成减反射膜的主要生产方式。

辊涂机是以胶辊为涂覆工具，将涂料连续涂覆在太阳能玻璃或塑料膜表面的一种涂覆设备，辊涂工艺的基本要求如下所示。

① 胶辊材质必须与涂料类型匹配，胶辊的材质对镀膜的厚度和均匀性影响很大。对于水性涂料，三元乙丙辊较为合适，所涂覆出的减反射膜外观均匀、无色差。对于溶剂型涂料，聚氨酯（PU）胶辊涂覆效果好，外观均匀、无色差，否则，涂料与胶辊匹配不好，无法获得外观合格（均匀、无色差）的减反射膜，因为，外观是客户能接受的指标之一，也极大影响减反射膜的平均透过率。

② 辊涂之前设备要清洗干净，由于减反射膜的厚度小、厚度差要求小，所以工艺控制很难，因此，辊涂设备的清洁极为重要，清洗包括：一是胶辊的清洗，胶辊表面要充分清洁，不能有任何灰尘、斑点、油污等；二是激光刻纹辊的清洗；三是相关管路、料槽等的清洗。

③ 辊涂之前，胶辊要充分浸润，由于涂料在胶辊上的均匀性直接影响减反射膜的均匀性，所以，胶辊在涂覆之前，必须经过对涂料的充分浸润，才能开始进行涂覆。胶辊在涂料运行之前，也应该进行预浸润，以降低涂料对胶辊的表面张力，使之在胶辊上充分展开，保证在涂覆基材上的均匀性，以保证减反射膜的外观质量和其他性能。

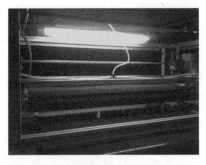

(a) 辊涂前胶辊   (b) 辊涂不锈钢上料辊

(c) 辊涂生产车间   (d) 辊涂生产线

(e) 辊涂后镀膜玻璃效果观察

图 4-4　辊涂工艺生产设备和生产线

三、减反射膜辊涂制造工艺的优化

由于减反射膜是纳米级厚度（120nm 左右）的功能膜，因此，制造过程的控制极其严格，其最后综合性能包括了光学性能、力学性能、热性能、耐老化性能等，这些性能能否达到要求取决于三大要素：涂料、设备、工艺，任何一个要素都影响减反射膜的最后质量。

涂料和设备的关系和影响在前面已有叙述，在此只讨论溶胶-凝胶涂料在辊涂法减反射膜制造工艺的影响，涂料采用半水性溶胶-凝胶涂料，设备为辊涂机，胶辊表面为 PU 胶，涂料和设备确定后，主要讨论对辊涂工艺的优化。

在辊涂法制造减反射膜的工艺中，对于钢化前镀膜的减反射膜制造工艺，影响减反射膜性能的主要工艺参数有：涂覆之后涂料的自流平时间、低温固化温度和时间以及玻璃钢化后的清洗方式。对于钢化后镀减反射膜的制造工艺中，影响减反射膜性能的主要工艺参数有：涂覆之后涂料的自流平时间、干燥（固化）温度和时间。

（1）钢前镀工艺优化

玻璃钢化前镀膜的工艺参数优化。涂料涂覆后，玻璃经过一段输运，涂料有一段自流平时间，一般水性涂料要求的时间长一点，因为其表面张力大，所以，自流平时间长，有利于镀膜更均匀。同时，可使溶胶变为凝胶的交联更充分，使最后的减反射膜硬度更大。一般根据环境温度、湿度的不同，以涂膜表面达到面干时的时间进入低温烘干为宜。在钢化前镀膜中，低温固化温度和时间对减反射膜硬度、附着力、耐老化性能的影响极为重要。低温固化温度不是越高越好，有时因为温度太高反而使减反射膜的硬度、附着力和耐老化性能降低，一般水性涂料的低温固化温度按梯度升温比较好，烘干时间控制为表干后维持一段时间固化膜较为合适。如果时间短，膜材料没有完全固化，将导致高温固化时，因膜中夹杂太多杂质，其挥发时破坏多孔结构，致使膜的孔隙率下降，透过率随之降低。而且多孔膜中交联度下降，膜的强度也会降低。烘干时间长，有利于膜的各项性能稳定，但要考虑生产成本，所以，综合考虑，烘干时间一般以不影响整个生产周期为宜。

（2）钢后镀膜工艺优化

钢化后镀膜，减反射膜透过率的高低只取决于涂膜材料的折射率。因此，自流平时间以湿膜面干为宜，烘干温度和时间极为重要，因为这些直接影响减反射膜的硬度、附着力和耐老化性能，一般地，水性或半水性涂料，对于加入氟树脂的减反射膜涂料，烘干温度一定要超过 250℃。对于自干型减反射膜涂料，干燥时间越长越好，一般这种涂料直接用于户外太阳能电池组件的面板。

要说明的是：烘干温度和烘干时间是相辅相成的，烘干温度高时，可以缩短烘干时间。对于材料而言，涂料的干燥过程，影响涂层中的结构、孔隙率，进而影响膜的力学性能、光学性能以及耐老化性能。一般地，干燥时间和温度是有最佳匹配的，这些和涂料含有的固化物或涂料成分有关，其烘干温度和烘干时间匹配的原因是在排出减反射膜中的溶剂（包括水分）过程中，溶胶蒸发速度将对减反射膜的透过率、硬度、附着力、持久的耐老化性能等产生影响。

工艺参数对减反射膜性能的影响很大，是笔者经过千万次试验结果的经验，也进一步证明了涂料—设备—工艺三位一体的重要性。因此，为了获得高性能的减反射膜，在生产工艺中严格稳定地控制工艺条件是不可忽视的。

以上仅是笔者对一般减反射涂料的工艺优化总结，这些在材料学上有一定的通用性，但具体问题还是要具体分析。

参 考 文 献

[1] 李玲. 自清洁玻璃. 北京：化学工业出版社，2006.

[2] 李玲，齐井彬，李玥. 自清洁陶瓷化纳米玻璃减反射涂料制造方法及其减反射膜制造方法：CN 10206 11 11 A. 2011.

[3] 李玲，齐井彬，李玥. 大面积制造均匀纳米膜的涂覆装置：ZL 2010 20665796. X.

[4] http：//cn. siansonic. com/Products/Ultrasonic-Spray-Coating-System/Ultrasonic-Spray-Coating-Systems？ audience＝348235.

[5] https：//baike. baidu. com/pic/刮刀涂膜机/.

[6] https：//www. san-yan. com/timemodel/viewimage/2012-03-15/13360430. html.

第五章

减反射膜的性能及其测试方法

第一节　减反射膜的物理化学性质及其测试方法

如前所述，减反射膜的质量和性能取决于三个要素：材料、设备、工艺，所以膜材料的成分和减反射膜的物理化学性质密切相关，并直接影响减反射膜的性能及其稳定性。本章主要介绍减反射膜的化学物理性质、测试方法及测试仪器。

一、减反射膜的化学性质及其测试方法

减反射膜的化学性质对减反射膜的物理性质及其性能影响很大，所以了解减反射膜的化学组成和化学性质极为重要。

（一）材料性质

一般减反射膜的主要成分分为两种：无机材料和有机材料。大多数无机减反射膜的材料以二氧化硅为主，其次是氟化镁，或者其他金属氧化物，诸如：二氧化钛、氧化铝、氧化锡等。而有机材料以硅树脂、氟树脂为主，其次是聚丙烯酸树脂、环氧树脂等高分子材料。

根据减反射原理，在太阳能电池中，凡具有低于玻璃、塑料等太阳能电池面板封装材料折射率的材料分布在太阳能板上都具有减反射效果。所以，能够制成低折射率膜的材料都可作为减反射膜。

减反射膜的化学成分测试一是针对环境是否有有害物质的测定，例如：减反射膜中有害重金属含量的测试、有害挥发性气体的测试、有害固体有机物的测试等。这些成分在涂料生产加工过程中会带来对生产环境和工作人员健康的影响。二是固体有害物质的测试，将影响涂层在使用过程中可能给环境带来的危害，特别是在下雨或其他情况下，有害物质是否流失进入土壤和挥发到空气中等。化学物质的定量定性分析主要是仪器分析，一般化学物质的测试已经有成熟的技术和设备。

化学分析测试设备：元素分析仪、红外吸收光谱仪、紫外可见光谱仪、电子能谱仪、色-质联用分析仪等。

（二）化学稳定性

减反射膜的化学稳定性取决于材料的性质，从前面所述的选材类型看，除了具有光催化性能的二氧化钛，氧化硅，金属、非金属氧化物固体材料外，还有一些高分子材料，例如：聚丙烯酸酯、硅树脂、氟树脂等，这些材料的性质在减反射膜的使用过程中，可能受到环境因素和气候的影响，产生热氧老化、光氧老化、化学腐蚀等。因此，需要对其稳定性进行测试，这些可以采用相关的橡胶、塑料、纤维等高分子材料测试方法进行耐老化测试。但如果减反射膜材质本身仍具有反应活性，那么，将影响减反射膜的性能稳定性，所以，在选择减反射膜材料或制备工艺时，都会考虑到减反射膜的化学稳定性，以力求获得性能持久不变，即具有耐老化性能的材料。

测试仪器：热氧老化测试仪、光氧老化测试仪、紫外辐射仪等。

（三）其他化学活性

减反射膜除了化学稳定性之外，可能具有光催化性能或其他不影响膜稳定性的化学性能，因此，关于光催化活性的测试，可以参考光降解测试方法进行。其他化学活性的测试，可根据实际情况，选择测试方法。这类测试仪器主要是：紫外-可见光分光光度计、元素分析仪、红外吸收光谱仪、紫外-可见光谱仪、电子能谱仪等。

二、减反射膜的物理性质及其测试方法

减反射膜的物理指标都是可以直接测试的，下面介绍几种物理性质的测试方法与仪器。

（一）减反射膜厚度及其测试

（1）减反射膜的膜厚度

减反射膜的厚度是减反射膜提高太阳能玻璃透过率关键因素之一，在太阳能减反射膜制造工艺中，为了保证太阳能玻璃减反射率，控制膜厚度是对涂膜加工设备精度要求的基础，膜厚度精准度导致设备精度要求高，使设备成本提高，直接影响了减反射膜的生产成本，因此，膜厚度是减反射膜质量的重要指标。

减反射膜虽然是光学薄膜，但是其在太阳能玻璃使用中，基本都是采用纳米技术获得的纳米级厚度的光学膜，因此，测量减反射膜的厚度主要是采用台阶法，使用台阶仪对具有纳米级厚度的减反射膜膜厚度进行测试，传统光学膜测试方法在此不再赘述。

（2）测试方法和仪器

台阶法测试原理：台阶仪是一种利用探针扫描样品表面进行的测试，在检测样品不同高度时，探针上下起伏变化，然后探针变化经过仪器转换成电信号，电

信号在显示屏上显示出探针起伏变化的轨迹，可以通过探针在样品表面行走的轨迹变化测试获得膜厚度值。

注意，样品的制作和表面处理很重要，在制作样品时，样品表面必须留有无膜的空白，这样才能测试出有膜与空白之间的台阶，这个台阶高低就是膜厚度。在测试之前，样品要预先处理保持干净，样品表面必须无尘、无其他杂质，这样才能得到准确的厚度值。使用仪器前，必须按仪器使用要求进行操作。

此外，台阶仪的精度取决于针尖精度，因此，对于不同的测试范围，使用的针尖不同。

（二）减反射膜表面结构及其测试

1. 减反射膜的结构和测试

前面已经介绍了减反射膜的结构，其结构直接影响减反射膜的折射率。因此，结构也是减反射效果变化的关键因素。关于减反射膜的结构测试，主要是表面结构的测试和断面结构的测试。采用原子力显微镜（AFM）测试减反射膜表面，可直接测试获得二维和三维的图像，即图像反映出减反射膜表面的形貌和结构。用扫描电子显微镜（SEM）可获得减反射膜的表面形貌，用断面扫描可获得减反射膜断面的结构图像。其他表面测试设备也可测试减反射膜表面的结构和形貌，例如：隧道扫描电镜（TSM）等。

2. 测试仪器

（1）原子力显微镜简介

原子力显微镜（AFM）是一种测试固体材料表面结构的分析仪器。通过探针与检测样品表面原子间的相互作用力变化，测试样品的表面结构和性质。其原理是将一个微悬臂一端固定，另一端有一微小的针尖，测试时针尖与样品表面轻轻接触，针尖微悬臂将对应于针尖与样品表面原子间作用力等位面，在垂直于样品的表面方向起伏运动。通过探针信号变化，获得样品表面形貌信息。在扫描样品过程中，利用传感器检测原子力的变化，在纳米级甚至分子水平级分辨率上获得表面形貌结构和表面粗糙度信息（图 5-1 和图 5-2）。

(a) 样品台　　　　　　　　(b) 显示处理器

图 5-1　原子力显微镜

0.050μm/div

0

0.50μm/div

0.50μm/div

(a)　　　　　　　　　　　　　(b)

图 5-2　原子力显微镜二维图像（a）和原子力显微镜三维图像（b）

（TiO₂ 光催化膜表面形貌）

（2）扫描电子显微镜简介

扫描电子显微镜（SEM）原理是一种通过聚焦电子束对样品表面进行扫描来获得表面图像，由于电子和样品中的原子相互作用，形成的表面图像包括表面形貌和组成等信息，而且，样品必须进行喷金处理，否则无法获得扫描图像，得不到信息（图 5-3 和图 5-4）。

扫描电镜放大倍数高，20 倍到 20 万倍之间连续可调，景深大，成像富有立体感，可直接观察样品表面的细微结构。

(a) 样品台　　　　　　　　　　(b) 显示处理器

图 5-3　扫描电子显微镜

图 5-4　扫描电镜图像（PVD 法制备的 ZnO 纳米棒形貌）[1]

（三）减反射膜密度及其测试

1. 减反射膜的密度

减反膜的密度与膜的材质和结构有关，对于减反射膜而言，膜密度低意味着膜折射率低，折射率低表示膜结构存在孔隙率。对减反射膜的效果来说，膜折射率越低减反射效果越好。但膜密度越高，说明膜越致密，受外界侵蚀和损伤性越小，物理性能越稳定。对于有机减反射膜，膜密度对膜的力学性能有影响，但对耐老化性能影响难以确认。

2. 测试方法和仪器

一般对涂膜生成的减反射膜，采用经验方法测定，根据涂料含固量（M）、所涂布的面积（S）、膜厚度（d），通过公式计算出来。

$$密度 = \frac{M}{Sd}(\mathrm{g/m^3}) \tag{5-1}$$

注意，这时得到的仅仅是估算值，因为涂层过程可能有浪费，因此需要根据实际生产情况，即涂料利用率（f），也可称为质量系数，校正过的密度才更准确。

$$真实膜密度 = \frac{fM}{Sd}(\mathrm{g/m^3}) \tag{5-2}$$

对于压花减反射膜，可采用填充法确认密度。

第二节 减反射膜的光学性能及其测试方法

减反射膜为光学薄膜，光学薄膜的第一技术指标即是其光学性能，光学性能分为光谱特性和光学常数。表征光谱特性的参数主要为光学薄膜的吸收率、透过率和反射率，表征光学常数的主要参数是折射率（n）和消光系数（k）。

对于太阳能减反射膜而言，体现其效果的光学性能主要是薄膜对玻璃或塑料薄膜的增透率，也可用减反射率表示。

我们知道，光在照射玻璃时，入射光总量与透过率的关系是：

$$光的入射总量(100\%) = 透过率(\%) + 反射率(\%) + 吸收率(\%) \tag{5-3}$$

太阳光在辐照时，其波长范围一般视为在 $250 \sim 2500\mathrm{nm}$，即从紫外到可见光到红外光区。

对于普通玻璃，一般为钠钙玻璃，都有对光的吸收，所以式（5-3）为所有光对所有薄膜辐射的通用公式。

对于太阳能玻璃，由于经过除铁处理，其对光的吸收率小到可以忽略不计。因此，太阳能辐射在太阳能电池的入射总量等于透过率和反射率。如式（5-4）所示。

$$光的入射总量(100\%) = 透过率(\%) + 反射率(\%) \tag{5-4}$$

从式（5-4）也可以看到，如果想增加太阳能对太阳能电池的光通量，减少太阳能电池板表面封装材料的反射率即可，在减反射膜无吸收的前提下，降低反射率等于提高了透过率。

如前所述，在减少玻璃对光线的吸收方面，已进行了大量的工作和努力，目前使用的超白玻璃就是通过减少铁含量的方式，几乎完全去除了玻璃中物质对光的吸收。减少吸收率这一方法对玻璃的透过率的影响是极其有限的，一是提纯原料中的铁，成本高，工艺难度大；二是现在的玻璃除铁技术已经达到了极限，没有多少发展空间，超白玻璃的吸收现在也已降到只有百分之零点几，对太阳能玻璃的透过率几乎没有影响了。

本书所论述的减反射膜为第二种增加玻璃透过率的方法，按目前国内外广泛使用的超白压花玻璃的技术指标，吸收率可忽略不计，由于减反射膜极其薄，其吸收率可以忽略不计。因此，太阳能玻璃透过率按平均值92％计算，则太阳能电池玻璃表面对太阳光仍有高达8％的反射率，所以，提高减反射的效果对于提高太阳能玻璃的透过率来说，极其重要。因此，在减反射膜的光学技术指标中，主要关注的是减反射膜对太阳能玻璃或塑料封装膜提高了多少透过率和降低了多少反射率。

一、减反射膜的透过率和反射率及其测试方法

一般超白压花太阳能玻璃的透过率平均值为92％，增加减反射膜后，减反射的太阳能玻璃的透过率取决于减反射膜的增透率。减反射膜对基材的增透率越大，提高太阳能玻璃的透过率越高。

测量光谱特性最常用的仪器是分光光度计，分光光度计由四部分组成，即光源部分、分光（或色散）系统、光度计和检测记录系统。

对于表面平坦光滑的样品，采用一般光源即可，但一般的太阳能玻璃为压花表面，存在光的散射，减反射膜一般为多孔结构或中空结构，在测试其透过率和反射率时，为了减少玻璃表面漫反射对测试结果的干扰，更准确地获得增透率和减反射率测试结果，一般在光源部分加入积分球调整光源的均匀性，采用积分球方法测试减反射超白压花玻璃（太阳能玻璃）的透过率和反射率。即在使用分光光度计测试涂有减反射膜的太阳能玻璃透过率和反射率时，为了获得更准确的测试结果，避免玻璃表面因漫反射产生的误差，为了测试的光谱特性结果精准化，一般使用积分球调整后的光源，可以直接测试得到减反射膜太阳能玻璃的透过率和反射率。

（一）积分球测试原理简介

1. 积分球

积分球本身是一个空腔的球体，如图5-5所示，其内壁表面涂有白色的漫反射材料，被称为光度球或光通球。在球壁上，开有一个或几个窗孔，用于作为进光孔和光接收器件接收孔。积分球的内壁必须是完整的球面，通常要求其与理想

球面的偏差不大于内径的 0.2%。在球内壁上，所涂的漫反射材料的漫反射系数接近于1。常用的是氧化镁或硫酸钡，一般将漫反射材料加入黏合剂中混匀，然后喷涂在积分球内壁上。其目的是当光照到涂层表面时，反射光接近入射光，例如，氧化镁涂层就可以将可见光谱范围内的光 99% 反射出去，以保证进入积分球的光经过内壁涂层多次反射后，

图 5-5　积分球照片[1]

使内壁上形成均匀照度。为了获得较高的测量准确度，积分球的开孔比要尽可能小。所谓开孔比，为积分球开孔处的球面积与整个球内壁面积之比。

2. 积分球工作原理

一般光学测试中，使用光学扩散片，可降低测量时因探测器上的入射光源不均匀分布或光束偏移所造成的微小误差，提高测量的准确性。而在精密的测量时，使用积分球作为光学扩散器，可使光源的不均匀性误差降到最小。

积分球不仅可用于测试光源的光通量，而且还可以测试色温和光效等参数。

积分球的基本工作原理就是当光通过采样口时，在积分球内部，光经过多次反射后，非常均匀地散射在积分球内部，获得均匀的光源，然后在测量光通量时，使用积分球矫正的光源，测量样品的测试结果更准确。积分球的作用就是降低并消除因光线来源的形状、发散角度和其他原因造成的测量误差。

所以对理想的积分球要求有以下几个条件：

a. 积分球内表面为一完整的几何球面，具有完全相等的半径。

b. 球内壁表面必须是中性均匀漫射面，对各种波长的入射光具有相同的漫反射比。

c. 球内没有任何物体，光源也被看作是只发光而没有实物的抽象光源。

影响积分球测量精度的因素主要有：①球半径是否处处相等，为标准的几何球体；②球内壁是否为均匀的理想漫射层，即球内壁白色涂层是否为漫射中性，使球内壁各点的反射率相等；③球内除灯外，是否无其他物体存在；④窗口材料是否为中性，符合照度的余弦定则。一般地，如果实际情况与理想条件不符合，将会带来测量误差，这时需矫正。

如图 5-6 所示，这是一个用积分球测试样品反射率的例子，其中单色仪提供单色光，经准直透镜形成一束平行光后，照射到被测样品上，样品表面的反射光在球内经多次积分后，再由接收器把信号送到放大处理显示系统。对于每一取样波长，例如 10nm，先测出标准白板的信号数值 $v(\lambda)_{标准}$，然后再测出样品的信号数值 $v(\lambda)_{样品}$。把样品的信号数值除以标准白板的信号数值，再乘以该波长上的标准白板的反射率 $\rho(\lambda)_{标准}$，即求出样品的反射率 $\rho(\lambda)_{样品}$。

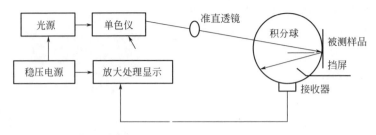

图 5-6　积分球工作原理示意[2]

计算公式如下

$$\rho(\lambda)_{样品}＝\upsilon(\lambda)_{样品}/\upsilon(\lambda)_{标准}\rho(\lambda)_{标准} \tag{5-5}$$

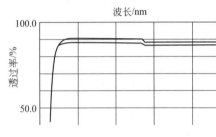

图 5-7　太阳能玻璃样品的透过率曲线
（积分球测试）

同理，在积分球入光孔处放上被测的透明样品，即可测出样品的透射率。

在用积分球确定光源的均匀性后，就可以直接在分光光度计上测试太阳能玻璃的透过率和反射率了。笔者制作的减反射膜太阳能玻璃样品的透过率测试结果如图 5-7 所示。

在此，需要说明的是，减反射膜的吸收率一般是不予计算的，因为减反射膜很薄，膜材料极少，其吸收率很低，低到可以忽略不计。积分球测试方法也有一定误差，因为其忽略了折射率的色散和薄膜的折射率非均匀性。对于工业中使用的减反射膜太阳能玻璃，其误差是可以忽略不计的，但对于光学仪器的减反射膜效果，可以通过加入修正因子进行纠正，或者，使用专门仪器测量。

（二）光学常数

光学常数包括光学薄膜的折射率（n）和消光系数（k），是光学膜性质的表征。

减反射膜的折射率大小直接影响光学薄膜的减反射效果，这部分在前面有所描述。太阳能玻璃本身吸光系数极小，而减反射膜对光的吸收可以忽略不计，所以在此只介绍减反射膜折射率的测试。

一般测量光学薄膜常数的方法有光度法、椭圆偏振法、波导法和阿贝法等，但常用的主要是光度法和椭圆偏振法。

在此仅介绍最常用的光度法，这种方法是采用分光光度计测出减反射膜的反射曲线，然后取 1/4 入射波长处的反射率，利用式（5-6）[3]，再转换为式（5-7）[3]，即可计算出减反射膜的折射率。

$$R_{\frac{\lambda}{4}} = \left[\frac{n_0 - \left(\frac{n^2}{n_b}\right)}{n_0 + \left(\frac{n^2}{n_b}\right)} \right]^2 \tag{5-6}$$

$$n = \sqrt{\frac{1 + \sqrt{R_{\frac{\lambda}{4}} n_b n_0}}{1 - \sqrt{R_{\frac{\lambda}{4}}}}} \tag{5-7}$$

式中，n 为减反射膜的折射率；n_b 为基板玻璃或封装膜的折射率；n_0 为入射媒质的折射率，例如空气。该公式的应用前提是光学膜材质是均匀的，没有吸收和折射率色散。

通过计算出的折射率，还可以用式(5-8)[3]计算出减反射膜的几何厚度 d。

$$d = \frac{\lambda_1 \lambda_2}{2n(\lambda_1 - \lambda_2)} (\lambda_1 > \lambda_2) \tag{5-8}$$

式中，波长 1 和波长 2 分别为两相邻反射率极大（或极小）之间的波长。

（三）减反射膜透过率的波长范围和平均透过率

通常地，减反射膜的光学指标约定俗成地以透过率来表征，透过率也叫透射比，包括可见光透射率、阳光直接透射率、太阳能总透射率和紫外线透射率。在太阳能光谱下，常见的减反射膜玻璃的透过率波长范围为 300～2500nm，所以，所获得的透过率为 300～2500nm 的每一段波长透过率的总和。但工业中，只取波长范围 400～1050nm 范围内的透射率表征太阳能玻璃的透过率，一般用积分值表示，即：

$$T = \frac{\int_{400nm}^{1050nm} S_\lambda T(\lambda) d\lambda}{\int_{400nm}^{1050nm} S_\lambda d\lambda} \approx \frac{\sum_{400nm}^{1050nm} S_\lambda T(\lambda) \Delta\lambda}{\sum_{400nm}^{1050nm} S_\lambda \Delta\lambda}$$

式中，S_λ 为 AM 1.5 太阳光相对光谱分布；$\Delta\lambda$ 为波长间隔，nm；$T(\lambda)$ 为试样的实测太阳光光谱透射比，%，采用球积分法测量。

对于透过率，在减反射膜的研究中，为了更准确地了解太阳能的总透过率，也可使用上面的积分式，取波长在 300～2500nm 范围，计算出透过率。

二、减反射膜的色差（均匀性）及其测试方法[4]

（一）减反射膜外观要求

减反射膜的外观，是产品的检验指标之一，按传统的方法，外观主要是观察镀膜表面的外观质量，例如是否有针孔、斑点、划伤、气泡、裂纹、黑点、夹杂物、污垢以及缺角、爆边、凹凸等。

除了按传统的方法，对于减反射膜，由于光的干涉，在膜表面会反映出一定的颜色，所以颜色的均匀性也影响镀膜的质量，即膜厚度的均匀性和减反射率的均匀性。

特别是对于多孔膜，直观颜色也可以凭经验判断出减反射的效果，例如：多孔二氧化硅减反射膜，蓝紫色膜的透过率最高，其次是蓝黑色、蓝色、棕黑色，当红色或绿色出现时则变为反射膜。因此，颜色对减反射膜的减反射效果反映得很直接，但对于表面光滑的中空无机材料减反射膜，仅从直观是很难看出膜是否均匀，有机材料的减反射膜颜色特征没有无机多孔减反射膜明显。由于有机减反射膜一般是高密度膜，表面没有光陷阱，所以，在减反射膜表面有一定的反射，透过率相应降低。因此，颜色不明显，色差极小。一般无机-有机复合的减反射膜也有无机多孔膜的特点，紫的透过率高一些，但也和材质有关，不像无机多孔膜的颜色与减反射效果那么明显，因此没有发现颜色与透过率一致性的规律。

（二）减反射膜外观的评价方法

1. 目测法

减反射膜厚度的均匀性决定产品的外观和减反射效率大小，如前面所述，减反射膜的厚度也影响减反射效果。反之亦然，由于减反射膜是一种光学膜，不同膜厚度反映出不同的色彩，根据笔者常年研究和在生产中的实践，根据经验值发现，对于无机减反射膜，一般减反射率为 3.0% 以上时，减反射膜呈现出紫黑色，减反射率 2%～3% 时呈现蓝黑色，1.5% 时呈蓝色，减反射率更低的话，外观为黑褐色。而光学膜的反射率提高时，外观也呈现不同的颜色，反射率为 1% 时膜呈黄色，2% 时呈绿色，3% 呈红色，更高时为白色，此时达到全反射，光学膜为反射膜，透过率为零。因此，减反射的膜厚度及其均匀性，直接影响着减反射膜的外观、透过率。外观不仅影响产品的视觉效果，也影响透过效果，是产品的重要检验指标之一。因此，减反射膜的外观很重要，成为产品的技术要求指标。

常用的减反射膜外观测试方法主要有两种，目测法是通过人眼的观察，测试外观的均匀性，无色差即为合格。即按 JC 国家标准《太阳能光伏用减反射膜》要求，目测无色差即算合格。

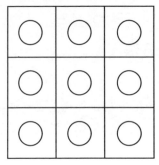

图 5-8　九宫格测试减反射膜
均匀性示意

2. 九宫格法

九宫格法是为保证避免肉眼目测带来误差的情况下的一个相对客观的方法，其方法是随机取一块尺寸确定的样品，一般为 300mm×300mm、200mm×200mm、100mm×10mm，可根据企业或测试者自己的要求确定尺寸，工业中常见的是 300mm×300mm。在样品上画平均九个格子，测试每个格子中点的透过率，然后以九个透过率值的统计平均值为基础，再计算均方根差值。一般均方根差值小于 0.2% 为合格，这个取值不同的企业可自行确定（图 5-8）。

一般地，膜厚度在 $100\sim120\mathrm{nm}$，膜厚度误差在 $\pm10\mathrm{nm}$ 范围内，一般目测是看不出其色差的，可以被认为是均匀的。同样地，透过率均方根差值小于 0.2%，也被认为是合格的。

第三节　减反射膜的力学性能及其测试方法[5,6]

太阳能玻璃上的减反射膜基本都用于户外，其力学性能是减反射效率稳定的一个重要保证，即减反射膜是否经得起户外各种外在因素的影响，能否保持减反射膜效果的稳定性，是减反射膜技术的一个重要指标。外部环境因素对太阳能电池表面的影响因素包括以下几种，雨水酸碱性腐蚀、雨水本身的腐蚀、风沙的冲击、雨雪的冲刷和在运输过程中人为的和不可避免地对玻璃表面减反射膜的自然刮擦等，这些因素让人们为了保证减反射膜的持久性，确定了几个检验指标。

近年来人们认识到，太阳能电池大多数常年使用在太阳光充足的高原和空旷的沙漠地带。在这些地方，风沙是天气变化和危害太阳能玻璃表面减反射膜的主要破坏因素，所以，对减反射膜力学性能的要求越来越高。特别针对风沙的冲击和太阳能电池板温度升高对沙土的热熔问题，对太阳能电池板表面的影响非常大。

基于这些考虑，对太阳能玻璃减反射膜的硬度和耐磨性等力学性能要求渐渐提高，目前对太阳能电池板表面的力学性能，特别是在沙漠地区使用的太阳能电池，提出了减反射膜硬度达到 6H 或以上的要求，而传统的减反射膜一般要求硬度在 3H～4H。这些对减反射膜的生产者来说，是一种技术上的挑战，而且，减反射膜的力学性能不仅与减反射膜本身的材料性质有关，也与减反射膜的制备工艺密切相关。

本章通过介绍减反射膜的各种力学性能原理、指标及其测试方法，为减反射膜的制造者提供理论依据，以促进减反射膜技术的发展。同时，这些还可以为减反射膜制造工艺的选择、减反射膜涂料材料的设计和选择、减反射膜制造工艺参数的选择、减反射膜微观结构的设计等提供参考。

一、减反射膜的硬度及其测试方法

（一）硬度的分类、衡量标准和测试方法

所谓硬度，是指材料局部抵抗硬物压入其表面的能力。对于固体材料，其对外界物体入侵的局部抵抗能力，可以表现出不同材料的软硬程度。硬度是衡量固体材料软硬程度的一个重要指标，硬度大小体现了固体材料的抗弹性形变、塑性变形能力，即抗被破坏能力。硬度还是固体材料弹性、塑性、韧性和强度的一个

综合指标。

根据测试硬度的方法不同，有不同的硬度标准。由于各种硬度标准的力学含义不同，所以，获得的硬度之间是不能直接相互换算的，但不同硬度之间有一定的对比关系。

硬度概念是由 Friedrich Mohs 在 1822 年提出的，其通过采用 10 种不同硬度的矿物来衡量世界上最硬的和最软的物体，并发明了莫氏硬度计。这些矿物按硬度被分为十个等级，但各级硬度之间的差值是不均等的，硬度等级只是表示硬度之间的相对大小。硬度从 1 到 10 的矿物顺序是：滑石、石膏、方解石、萤石、磷灰石、正长石、石英、黄玉、刚玉、金刚石。由此可知：按莫氏定义，滑石最软，硬度等级为 1，金刚石最硬，硬度等级为 10。

一般常见物体的硬度，可以用划痕来判断，例如，能在纸上划出痕迹的物体，其硬度相当于莫氏硬度为 1，石墨、皮肤等莫氏硬度为 1.5，而铜、珍珠等莫氏硬度为 3，钢铁是 5.5～6，和人的牙齿硬度一样。

测试硬度有多种方法，根据硬度定义，分为：①静压法，例如，布氏硬度、洛氏硬度、维氏硬度等；②划痕法，例如，莫氏硬度；③回跳法，例如肖氏硬度、里氏硬度；以及显微硬度、高温硬度等。

在此只介绍两种方法。

划痕硬度：主要用于比较不同固体的软硬程度，其方法为：选一根一端硬、一端软的棒，将被测材料表面沿棒划过，然后根据出现划痕的位置确定被测材料的软硬。从定性角度确定，硬物体划出的划痕较长，而软物体划出的划痕较短。

压入硬度：这种方法主要用于固体材料，即将一定载荷的压头压入被测材料，按材料表面局部塑性变形的大小比较被测材料的硬度。在此，因压头、载荷以及载荷持续时间的不同，所以压入硬度有几种，包括：布氏硬度、洛氏硬度、维氏硬度和显微硬度等。

在测量体系中，根据其定义、起源和测试方法，硬度可分为很多种，主要有：布氏硬度、洛氏硬度、维氏硬度、里氏硬度、肖氏硬度、巴氏硬度、努氏硬度、韦氏硬度等，每种硬度也有自己的适用范围。

布氏硬度：用符号 HB 表示，是一种常用的硬度表示指标。其测试方法为：设定一个试验载荷，将一定直径的淬硬钢球或硬质合金球压入被测材料表面，保持规定时间，然后卸去载荷，测量被测材料表面的压痕直径。布氏硬度值等于压痕面积上的载荷，HB 单位为 N/mm^2。

在减反射膜的硬度测试中，常用的硬度测试方法就采纳了布氏硬度，但使用的测试仪器为铅笔硬度计。测试结果是根据不同 HB 值的铅笔划过膜表面产生的划痕与否来判断减反射膜硬度的（图 5-9）。

洛氏硬度：硬度值以压痕塑性变形深度确定，用一个顶角 120°的金刚石圆锥体或直径为 1.59mm 或 3.18mm 的钢球，在一定载荷下压入被测材料表面，由压痕的深度求出材料的硬度，硬度单位为 0.002mm，用三种标度表示所测试硬度：HRA、HRB、HRC。

图 5-9　铅笔硬度计
（型号：CT-231）

里氏硬度：以 HL 表示，测试方法：用指定质量的装有碳化钨球头的冲击体，在一定力的作用下冲击试件表面，观察球体的反弹。因材料硬度不同，小球撞击后产生的反弹速度不同。将冲击体上下运动时产生的与速度成正比的信号转换结果即是里氏硬度。

维氏硬度：符号 HV，这种硬度的适应范围较广，涵盖了从较软到超硬的所有材料。其测定原理和布氏硬度基本相同，也是根据压痕单位面积上的载荷计算硬度值。不同之处是维氏硬度试验的压头是金刚石的正四棱锥体，压痕为四方锥形，测量值为以压痕对角线长度计算压痕的表面积，然后再用载荷除以表面积，即可获得维氏硬度值。

肖氏硬度：符号 HS，其测试方法：用弹性回跳法将撞销从一定高度落到所试材料的表面上而发生回跳。撞销是一只具有尖端的小锥，尖端上常镶有金刚钻。测试数值为 1000×撞销返回速度/撞销初始速度（即为碰撞前后的速度比乘以 1000），得到硬度值。

巴氏硬度：即巴柯尔（Barcol）硬度，硬度单位 HBa，是近代国际上广泛使用的一种硬度，其测试方法：将一定形状的硬钢压针，在标准弹簧试验力作用下，将其压入试样表面，用压针的压入深度确定材料硬度，定义每压入 0.0076mm 为一个巴氏硬度单位。

努氏硬度：也叫克氏硬度，属于小负荷硬度，也称为显微硬度。其测试方法：采用较小的力将菱形锥头压入被测物体，通过测量压痕对角线获得硬度。一般地，金刚石的努氏硬度为 $7000\sim8000kgf/mm^2$，可与布氏硬度 10 对比。

韦氏硬度：硬度单位 HW，其测试方法：采用一定形状的硬钢压针，在标准弹簧试验力作用下压入试样表面，用压针的压入深度确定材料硬度，定义 0.01mm 的压入深度为一个韦氏硬度单位，这个和巴氏硬度类似。

普通固体材料的硬度测试很简单，为了能用硬度试验代替某些力学性能试验，一般生产上会使用一些硬度和强度之间的换算，以获得相关的力学性能指标。相对地，固体材料的各种硬度值之间、硬度值与强度值之间，都有着近似的对应关系。因为硬度值大小是由初始塑性变形抗力和继续塑性变形抗力决定的，固体材料的强度越高，塑性变形抗力也越强，其硬度值也越高。

对于测量精度而言，维氏硬度大于布氏硬度，布氏硬度大于洛氏硬度。

显微硬度是针对测量诸如钟表等较微小零件进行的硬度测试，其压痕极小，是一种无损检测。

如前所述，硬度之间有一定的关系，可以进行大小对比和换算，例如，肖氏硬度（HS）＝勃氏硬度（BHN）/10＋12＝洛氏硬度（HRC）＋15，洛氏硬度（HRC）＝勃氏硬度（BHN）/10-3 等。

不同硬度也有一定的测定范围，例如，HS＜100，HBW：3～660，HRC：20～70，HRA：20～88，HRB：20～100，HR15N：70～94，HR30N：42～86，HR45N：20～77，HR15T：67～93，HR30T：29～82，HR45T：10～72，HV＜4000 等。

（二）减反射膜的硬度要求

固体材料的硬度是其力学性能中一种标志性的指标，特别对太阳能电池的减反射膜，其硬度的大小对其在残酷环境中的使用寿命极为重要。例如风沙的冲击、损耗，镀膜之后其他的深加工过程、产品运输过程中的接触、冲击和磨损等都会对膜的硬度有一定的要求。按国际 ICE 标准，太阳能电池的使用寿命为 25 年。因此，如何保证减反射膜使用年限，是一个很重要的问题。

众所周知，太阳能电池减反射膜广泛用于户外，特别是对于沙漠地区的使用，包括：太阳能热水器等接受太阳能光的平板表面。封装玻璃表面所使用的减反射膜的硬度是这些太阳能组件的耐候性中最重要的技术指标之一。

对减反射膜的硬度要求，根据不同的使用场合和客户意见，技术指标各不相同，例如光学玻璃，一般为 3H，但在太阳能电池的封装玻璃上，一般为 3H～4H。近年来的发展，对减反射膜的硬度要求已达到 6H 或以上。

一般的超白浮法玻璃表面硬度为 6H，目前，对减反射膜硬度的要求接近这个数值，当然，硬度越高越好。但具有低折射率的减反射膜材料却很难做到高硬度，这是减反射膜结构本身材料性质和结构限制导致的。按一般规律，光学膜材料密度大有利于膜的硬度提高，但减反射膜不同，为了降低膜的折射率，制成多孔材料和中空材料是常见现象，所以，提高密度只能从原材料和加工工艺着手。

（三）影响减反射膜硬度的因素和提高硬度的方法

减反射膜的硬度大小和膜的化学组成、密度、孔隙率、制膜工艺等因素有关。对于不同类型的减反射膜，其硬度因这些综合因素影响，即使相同材质，因涂料配方不同或相同配方因制备工艺不同，其硬度也不同。

对于减反射膜的使用要求，例如：抗风沙、抗冲击、抗磨损、抗划伤等，其硬度越高越好，提高减反射膜硬度的方法不外乎以下几种。

对于无机二氧化硅多孔减反射膜，目前大规模生产基本是采用涂料涂层法进行镀膜，其原理基本是二氧化硅单体的聚合或用树脂将二氧化硅粉末黏附于玻璃表面，因此，涂料法提高减反射膜硬度的方法有下列两种。①从材料配方上改进，加入二氧化钛或二氧化锆以及二氧化锡等高硬度金属氧化物将减反射膜的硬度提高，但因这些材料的折射率高于二氧化硅，降低了减反射膜的透过率。②在制备工艺中改进，尽量提高二氧化硅的交联度，减少悬空键。例如：尽可能清洗干净玻璃表面、配方中减少有机溶剂用量，在生产设备和生产成本循序的情况下，尽量提高涂层烘干温度和延长烘干时间等。

有机高分子减反射膜硬度和材料的材质、分子量、结晶度以及工艺条件有关，减反射膜的硬度也直接与加工工艺条件有关，如果是原位聚合法，即涂覆之后聚合成膜的话，提高单体聚合度，即提高聚合物分子量是途径之一，另外，添加硬化成分或延长烘干时间都是有利于提高减反射膜硬度的。

影响减反射膜硬度的主要因素有：膜的化学组成、膜的结构、涂覆加工工艺方法和技术参数。调整这几方面参数，都可以提高减反射膜硬度。

（四）减反射膜硬度的耐老化能力

减反射膜硬度的耐老化能力是保证减反射膜效果稳定性的指标之一，一般地，硬度高，耐老化能力强，但对于有机高分子膜，可能高弹性膜硬度不是很高，但分子量大，耐老化能力仍很强。

对减反射膜硬度耐老化能力的评价，依然采用硬度计，或通过测试膜的外观或透过率变化判断膜的稳定性。

二、减反射膜的附着力及其测试方法

（一）附着力的定义和机理

附着力是指涂料固化后形成的涂层对基底固体表面的吸附能力或称为牢固程度，其本质是两种不同物质接触部分的相互吸引力，这种结合力是由涂料中的极性基团（如羟基或羧基）与被涂物固体表面的极性基团相互作用而形成的。

涂膜的附着机理分为物理附着和化学附着两种。①物理附着力，指涂膜与基底材料内部分子之间依靠范德华力产生的互相吸引力。②化学附着力，指涂层与基底材料之间，在界面分子之间形成了化学键，使涂层材料与基底材料相互结合，产生化学附着力。一般地，化学附着力的强度远远大于物理附着力。

（二）附着力的测试方法

对于涂料，例如，油漆、镀膜玻璃附着力的方法和国家标准都有固定的要求。附着力的测试方法主要有三种，即划格子法、拉开法和溶剂法。

对于镀膜附着力的测试，本书只介绍传统的划痕法和剥离法两种。

划痕法又分为划格子法和划圈法，这些都是根据国家标准 GB/T 1720《漆膜附着力测定法》（划圈线）和 GB/T 9286《色漆和清漆 漆膜的划格试验》等效采用 ISO 2409《色漆和清漆划格试验》（划格子法）借鉴而来。而剥离法也叫拉开法，则借鉴了 GB/T 5210《涂层附着力的测定　拉开法》参照采用国际标准 ISO 4624《色漆和清漆　附着力的拉开试验法》。

下面介绍这两种测试方法：

1. 划格子法

这种方法是根据样板底材和镀膜厚度，用不同间距的划格刀具，对镀膜样品进行格子形状的切割，划过镀膜表面，并使刀划至底材，然后根据格子区域，样品底材脱落的涂层面积来判断附着力的级别。

测试仪器及材料：6 刃切割刀具、透明压敏胶带、软毛刷。

测试步骤：将样板放于坚硬的平面上，让刀具与样板呈 90°，然后垂直切割，在样板上划出格子，注意，切割刀具要以均匀的力和速率在涂层上划出规定间隔的格子图形。之后用软毛刷沿格阵的对角线方向往返轻刷几次，将样品上可能存在的屑除去。将 75mm 厚度的透明压敏胶带的中心点放在网格上，方向与一组切割线平行，用手指将胶带在网格上的部位压平，指尖要用力，将胶带压平以确保胶带与涂层良好接触。等待约 5min，以 60°角，在 0.5～1.0s 内剥离胶带，注意，要快速平稳剥离。

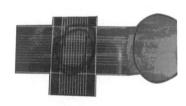

图 5-10　划格子法实际操作实例

等级评定办法：在充分照明下，目视检查切割面涂层的脱落情况。附着力共分为 6 个等级，从 0～5 级涂层附着力依次递减，5 级最差。注意，为了保证测试的准确性，必须在样板的至少 3 个不同部位进行测试。如果结果不一致，差异大于 1 个级别单位时，必须再另选 3 个部位重新测试。具体可参看图 5-10。

2. 拉开法

这种方法所测定的附着力，是指在规定的速度下，在试样的胶结面上施加垂直、均匀的拉力，测定涂层之间或涂层与底材之间附着力破坏时所需要的力，单位为 N/cm²。

测试仪器及材料：拉力试验机、夹具、试柱、定中心装置、胶黏剂。

样品制备：样品为 2 个金属柱对接或组合，柱材料表面处理和产品相同。1 个柱的表面按照被试涂料规范进行涂装，用胶黏剂与另 1 个柱黏合，未涂装的柱上均匀地涂上一层薄的黏合剂，借助中心装置同轴心黏合后，按要求固化。

测试步骤：将试样放入拉力机的上下夹具，调至对准，使样品横截面均匀受力，然后以 10mm/min 的拉伸速度进行拉开试验，直至破坏，记录负荷值，并观察断面的破坏状态。

附着力计算方法：试样被拉开破坏时的负荷值除以被试涂层试柱的横截面积，即为涂层的附着力，单位为 N/cm²。

破坏形式：附着破坏表示为 A；内聚破坏表示为 B；黏合剂自身破坏或被测试涂层拉破则表示为 C，如果出现两种或两种以上形式的破坏，按破坏面积的百分数确定，大于 70% 为有效。

注意，每组被测涂层试验应不少于 5 对，至少按 3 对样品测试值的算术平均值作为试验结果，以附着力与破坏形式表示。

测试时，要求：①组合样品必须是牢固、连续、均匀的胶结面；②柱周围的涂层和黏合剂要刮去，以保证受力面积；③为提高胶结柱的黏结力，可对柱表面进行打磨。

（三）减反射膜附着力的检验方法

减反射膜的检测方法，一般采用划格子法，参考国际标准 ASTM 3359，测试减反射膜的附着力，其方法如下：采用百格刀用力在样片上划，划出 10mm×10mm 网格，用胶黏带粘牢后，快速撕开胶黏带，检测结果：镀膜表面有无破损，在 400～1100nm 内，透过率变化多少。以粘掉多少个格子的膜，来确定附着力，用百分数表示。

合格产品附着力好的检测结果：镀膜表面无破损，在 400～1100nm 内，透过率不变。

（四）影响附着力的因素

影响附着力的因素有很多，根据吸附理论，附着强度的产生是由于涂膜分子中极性基团与基材表面的极性基团结合所致。所以，任何减少这种极性结合的因素都将使涂层附着力降低。这些影响因素有以下几个方面。

① 涂层表面的清洁度是影响附着力的首要因素，其中，当涂覆前基材表面不干净或被污染，都会导致涂层附着力的下降。因此，涂覆前，基材表面清洁最为重要，必须达到镀膜洁净度。

② 基材的类型和表面处理也影响涂层的附着力，同一种涂料在表面处理不同的基材，附着力是不一样的。常常为了获得良好的附着力，预先对基材进行各种处理。例如，清洗或者有的涂层基材需要进行打磨。

③ 涂层表面的平整度也影响附着力，涂层表面平整光滑，摩擦系数小，当遇到外部剪切力时，受到的摩擦力小，涂层的附着力相应地提高。

④ 涂层的厚度大小也影响其附着力，遇到摩擦时，厚度大的被摩擦掉的涂层是渐渐被磨掉的。

⑤ 涂层的工艺处理也影响附着力，例如，环境因素、干燥方式、干燥时间、固化程度等，都会影响附着。常规而论，工艺实施中，固化程度高的涂层，附着力更好。

⑥ 时间因素，例如，随着时间延长，涂层内小分子向涂层表面迁移，聚集在涂膜与基材界面，起到"隔离"作用，削弱了涂膜中极性基团与基材表面极性

基团间的结合。所以涂料设计时，尽量不使用挥发难的小分子化合物，以防残留在减反射膜内，影响膜的附着力。或者提高干燥温度，消除膜中小分子。

减反射膜附着力是保证减反射膜在外力或外部侵蚀时，膜持久有效的衡量指标之一。在减反射膜加工、运输、使用过程中，膜都要遇到不同的外力刮擦或划伤之类，因此，减反射膜的附着力是其最重要的技术指标之一。

三、减反射膜的耐磨性（抗剪切力）及其测试方法

（一）耐磨性和对减反射膜耐磨性的要求

耐磨性是指材料抵抗机械磨损的能力，一般用在一定负荷的磨速条件下，膜层单位面积在单位时间内的磨耗，即磨损前后的质量差值，所以，耐磨性也叫耐磨耗性。

耐磨性和材料的所有性能都有关系，耐磨性是涂层的硬度、附着力和内聚力综合效应的体现。一般涂膜的耐磨性，是指在规定的负荷和移动速率下，以一个标准的摩擦材料摩擦膜表面时，膜的重量损失率。由此可看到：耐磨性和外部的压力和摩擦力大小有关。

膜的耐磨性反映了膜表面对外来的机械摩擦作用的抵抗能力，体现了膜的硬度、附着力和抗外部损伤的能力，对于在使用过程中经常会受到机械摩擦作用的减反射膜来说，这是一项非常重要的指标。

（二）减反射膜的检测方法和标准

减反射膜的测试方法主要采取指毛毡法，即在一定面积的指毛毡上负载一定的重量，然后这种负荷的指毛毡在减反射膜表面来回摩擦，设定一个摩擦次数，摩擦后，观察减反射膜外观，并测试其透过率变化。

检测标准：EN 1096-2—2001。

检测方法：将负载 400g、截面积为 0.5cm² 的指毛毡在减反射膜上进行机械摩擦 500 次、1000 次、2000 次。然后，测试减反射膜太阳能玻璃摩擦前后的透过率，并比较。不同的减反射膜，质量要求不一样，一般按摩擦 500 次，确认产品质量。也有用 1000 次或者 2000 次的。

检测合格的标准：在 400～1100nm 内，透过率下降＜0.5％。

（三）影响减反射膜耐磨性的因素

① 减反射膜的硬度：硬度反映了材料抵抗物料压入表面的能力，耐磨性体现的是材料抗外部损伤能力，所以，硬度和耐磨性是一致的，都是对外部破坏的抵抗力，因此，硬度大，抗外力强，耐磨性也高。

② 减反射膜表面粗糙度：在接触应力时，膜表面粗糙度值越小，表面摩擦力越小，抗磨损能力越强，所以，表面光滑的膜，耐磨性提高。

③ 减反射膜的弹性：具有弹性的膜，其膜对能量的吸收或缓冲能力大，表

面摩擦变小，有利于提高耐磨性。

参 考 文 献

［1］ 周公度. 结构与物性. 北京：高等教育出版社，2009.

［2］ 李建芳，周言敏，王君. 光学薄膜制备技术. 北京：中国电力出版社，2013.

［3］ https：//baike. baidu. com/item.

［4］ http：//www. hfstar. com/newsxx. asp？ id＝882.

［5］ 郑国娟. 漆膜附着力及其测试. 化工标准·计量·质量，2003，23（5）.

［6］ 卢进军，刘卫国，潘勇强. 光学薄膜技术. 北京：电子工业出版社，2011.

第六章

减反射膜的耐老化性能指标及其测试方法

　　一般户外使用的减反射膜玻璃主要用于太阳能电池组件表面和太阳能热水器玻璃盖板上，根据太阳能电池组件的实际使用要求和对玻璃镀膜的基本技术要求，用于户外的减反射膜的耐候性，即针对气候变化的抗老化能力和减反射膜在恶劣条件下保持其性能的稳定性和持久性能力，都是必须检测的技术指标。耐候性及其性能稳定性，直接影响着太阳能电站的发电效率和太阳能电厂输出电力的稳定性。

　　对于减反射膜耐候性和各种性能的稳定性，其认定范围主要有以下几个方面，这些技术指标表征了减反射膜的耐老化能力和环境适应性。

　　① 耐酸碱侵蚀检测。这些包括了空气中的酸雨腐蚀和人为清洗中遇到酸碱造成的减反射膜腐蚀和脱落。

　　② 耐盐雾侵蚀检测。盐雾对于沿海地区的太阳能电池组件影响很大，其腐蚀结果将大大缩短太阳能电池的使用期限，甚至可以使太阳能电池无法正常工作。

　　③ 耐紫外线破坏。紫外线对减反射膜的侵蚀，主要体现在对高分子材料的破坏上，但对无机材料影响不大。

　　④ 耐高温高湿侵蚀检测。高温是太阳能电池最常遇到的问题，由于太阳能电池暴露于日光下受热，自身的发电过程中也会发热，所以，耐高温是检测太阳能电池稳定性的一个重要技术指标。耐高温检测中，还包括了更苛刻的高温高湿测试，这些情况经常发生在湿热的热带地区，也是衡量减反射膜耐候性的重要指标。

　　⑤ 耐冷冻耐霜雪侵蚀检测。在寒冷地区，风霜雨雪都会同时侵蚀太阳能电池，特别是白天的高温和夜晚的低温交替变化，极大地影响太阳能电池组件的性能稳定性，这些检测主要包括冷热循环测试和超低温检测。

　　⑥ 耐沙尘冲击和侵蚀检测。太阳能电池组件最有效使用的地方是离太阳较近、无遮无挡的高原地区和一望无际的荒漠地区，这些地方是太阳能最大地照射在地球表面的地方，耐沙尘冲击检测是对太阳能电池组件上减反射膜处于苛刻的

自然环境条件下的耐候性能力必须检测的项目之一，一般这项检测指标主要包括减反射膜硬度、耐磨性和表面耐沙尘冲击等。

对于广泛在户外使用的太阳能电池光伏组件上减反射膜的检测方法和标准，可以借鉴太阳能电池光伏组件的耐候性检测标准和国内外镀膜玻璃检测标准。这方面已有国际太阳能电池光伏组件安全鉴定标准 IEC 61730、IEC 61215 系列和欧盟的 EN 1096-2—2001 等，以及镀膜玻璃中国建材行业标准 JC/T 2170—2013 和 GB/T 18915 系列等。

本书综合参考国际电工标准 IEC 系列和国家标准 GB/T 系列或建材行业标准以及其他国家的方法和要求进行介绍，例如，日本等东南亚沿海国家对太阳能电池组件耐高温高湿提出更高要求，而其提出的检测方法和标准在本章中也有介绍。这些分别按相关技术要求、测试条件、检测方法和检测标准的方式展开。

按国际 IEC 标准和参考欧盟标准，约定俗成地达成共识，太阳能电池光伏组件的常规使用寿命是 25 年，所以，用于太阳能电池减反射膜的检测标准也以这个要求为准。

第一节　耐酸碱性能及其测试方法

酸碱腐蚀是大气环境中存在的酸、碱对减反射膜的侵蚀和破坏，耐酸、耐碱性能是指玻璃表面减反射膜对一定条件下酸、碱的耐受性和适应性，酸、碱对减反射膜腐蚀发生的原因不外乎两种，第一种是环境中的酸雨、碱性物质的接触，第二种是在使用过程中，人为冲洗和镀膜加工过程中清洗接触到的酸、碱。

一、减反射膜的耐酸性测试方法和标准

减反射膜耐酸碱的检测方法和标准，参考了镀膜玻璃的检测标准，大多数耐酸碱检测所使用的标准为 GB/T 18915.1—2013 和 GB/T 18915.2—2013 中规定的方法。

其检测方法如下所述。

将镀减反射膜样片放入 1mol/L 的盐酸溶液中，常温常压条件下浸泡 24h。或者有特殊要求时，放置更长时间。

检测结果：观察镀膜表面有无破损、裂痕。在 380～1100nm 内，检测减反射膜玻璃的透过率变化。

检测标准：波长在 380～1100nm 范围内，减反射膜玻璃透过率下降＜0.5％，即为合格。目前已有的建材行业标准 JC/T 2170—2013《太阳能光伏组件用减反射膜玻璃》规定，在 380～1100nm 范围内，减反射膜玻璃透过率下降不大于 1％，即为合格。如果出现透过率升高，属正常，不影响使用，不限制。

目前市场常见的太阳能玻璃的减反射膜大多是无机材料，减反射膜材质多数为二氧化硅或掺杂型的二氧化硅，对酸的耐受度很高，除非超强酸（例如：氢氟酸）或高浓度混合强酸，一般单一的酸或较低浓度的酸都不会腐蚀这种减反射膜，也不会明显降低减反射膜的透过率。

而对于有机高分子材料的减反射膜，常见的硅、氟树脂或其他高分子材料大多数不亲水，不溶于水，一般不受酸的腐蚀，因此透过率也几乎不受酸的影响，或者影响很小，甚至不影响。

二、减反射膜的耐碱性测试方法和标准

碱腐蚀对减反射膜的影响要根据材质而定，无机材料受碱的影响较大，但对于一般浓度的碱溶液，减反射膜的腐蚀与材质组成、制备工艺条件等有关。下面介绍检测方法。

检测方法：将镀减反射膜样片放入 5％的氢氧化钠溶液中，常温常压条件下浸泡 24h。或者有特殊要求时，放置更长时间。

检测结果：观察镀膜表面有无破损、裂痕或膜脱落。在 380～1100nm 内，检测镀减反射膜玻璃的透过率变化。

检测标准：减反射膜外观无破损、无裂纹、无脱落，减反射膜玻璃透过率下降＜0.5％。和耐酸性标准一致，或透过率下降不大于 1％，即合格。如果出现透过率升高，属正常，不影响使用，不限制。

对于常见的无机材料的减反射膜，其材质大多数为二氧化硅或掺杂型的二氧化硅或其他金属氧化物时，对碱的耐腐蚀性相对较差，特别是热的高浓度的强碱会对这类减反射膜腐蚀，出现掉膜和降低透过率的现象。所以，为改进无机材料减反射膜的耐碱性，加入高分子材料是一个可选的方法。

有机高分子减反射膜材料大多数是树脂材料，例如，硅树脂、氟树脂等非水溶性或疏水材料，一般不受碱腐蚀，透过率也不受碱的影响。

第二节　耐盐雾性能及其测试方法

盐雾是环境中最为常见的问题，特别是用于海边的太阳能电池光伏组件，或太阳能热水器或其他相关设备，由于盐雾的侵蚀，加速了减反射膜的脱膜、变色等危害。特别是盐雾对太阳能电池光伏组件整体的腐蚀和破坏，因此，耐盐雾检测也是减反射膜耐候性中最重要的环节。

一、盐雾的危害

盐雾是指海水或其他含盐溶液蒸发时所形成的雾，当空气中的盐雾冷凝时形

成高浓度的盐溶液，滴落在物体表面时，对物体形成侵蚀。

盐雾侵蚀的情况有以下几种。

1. 对金属的侵蚀

盐雾对金属腐蚀是因为盐雾冷凝后形成的高浓度盐溶液作为电解液与金属形成了微电池，使金属处于一个自发氧化的状态，随着时间延长，金属被渐渐氧化，这个过程称为金属的电化学腐蚀，其结果是金属腐蚀、生锈、起泡，最后金属结构疏松，失去其强度和功能，直至完全破坏。

2. 对玻璃的侵蚀

盐雾对玻璃的腐蚀原因是盐雾中的金属离子与玻璃中的钠离子或钙离子进行离子交换或盐中的负离子破坏玻璃的 Si—O 键的网络结构，导致玻璃腐蚀，其结果是玻璃表面出现局部离子浓度过高或表面凹凸不平，使玻璃产生白斑或疏松表面，渐渐侵蚀玻璃，影响玻璃的强度和透过率。

3. 盐雾对树脂涂层的侵蚀

这是盐雾的浸润导致涂层起泡、脱落，进而侵蚀涂层基材。在沿海地区，盐雾是造成输电线路故障的重要原因之一。其导致的断线或短路是很多事故的原因。

总而言之，盐雾是对太阳能电池组件结构破坏最大的因素，对减反射膜的侵蚀也不可忽略，因此，所有太阳能电池组件材料和减反射膜都必须具有耐盐雾性能。

二、耐盐雾性能的测试方法和标准[1]

常用的检测指标主要是检测减反射膜耐中性盐雾的能力，除非有对极端条件的要求。本书参考国际检测标准 IEC 61215—2005 的要求，介绍减反射膜耐盐雾检测方法和标准。

检测方法 1：将减反射膜样品放入 5% 的盐水溶液中，盐水 pH 值在 6.5～7.2，在 35℃ 时的相对密度为 1.026～1.040。室内温度保持在 33～36℃ 范围之内，浸盐时间 3 天。然后观察检测减反射膜的外观和透过率变化。

国内对玻璃镀膜的标准化检测方法如下所述。

图 6-1　盐雾试验机[2]

检测方法 2：将减反射膜样片放入盐雾箱中（图 6-1），盐雾箱条件为氯化钠浓度 5%，试验温度维持在 35℃，常压，盐雾的沉降率为每小时 1～3mL/

$80cm^2$。测试时间可以人为确定，一般为 96h。特殊要求时，可以增加时长，目前已有 120h 或更长时间。

检测标准：镀膜表面无破损、无裂痕、无起泡、无脱落，在 380~1100nm 内，透过率下降<0.5％为合格。按我国建材行业标准，透过率下降不大于 1％ 为合格。

第三节　耐高温和耐低温性能及其测试方法

温度、气压、相对湿度是表征天气的三大参数，太阳能电池组件一般用在露天，所以气压约定俗成认为是常压，因此，压力因素忽略，影响因素主要是空气的温度和相对湿度。

温度和相对湿度的变化是天气变化的重要因素，温度变化情况包括了高温、低温、高低温交替变化，湿度变化主要考虑高湿度条件，一般低湿度情况影响不大，所以不予考虑。

太阳能电池光伏组件的耐候性是其工作稳定性的最重要指标，附着于太阳能玻璃上的减反射膜暴露于空气中，其耐候性与太阳能电池光伏组件的耐候性要求一致。

对太阳能电池光伏组件，由于环境的原因和自身发电产生的温度，两者叠加都会使其遇到高温状态，因此，减反射膜的耐高温性能作为要求满足的技术指标，首当其冲。

一、耐高温性能测试方法和标准[3]

一般耐高温的检测条件设定有以下几种。

第一种是高温条件下，检测太阳能电池组件的耐高温能力。太阳能电池在阳光下暴晒、自身发电也会发热，因此，两者结合经常处于高温条件下，夏季太阳能电池光伏组件温度甚至高达 90℃，所以，减反射膜必须具有耐 90℃高温的能力。

第二种是冷热循环，这种情况下，检测的是太阳能电池对于高低温变化条件下的耐受性，减反射膜同样要求耐冷热循环。

第三种是高温高湿，高温高湿条件是沿海地区、多雨季节、高山上，太阳能电池组件经常遇到的情况。

参考 IEC 61730-2 标准中的试验条件，根据具体情况和特殊要求，检测耐高温高湿时，可设定不同的温度和湿度指标或耐候性要求，其目的是检测和确认太阳能电池组件上减反射膜对于温度重复变化所能保持稳定性的能力。

下面是不同条件下的测试。

1. 高温贮存试验

检测方法：将地面用太阳能电池组件放在（85±2）℃的高温环境下存贮16h。

检测标准：减反射膜表面不起泡、不脱落，在380～1100nm内，透过率下降不大于1%为合格。

2. 冷热循环试验

按IEC 61730-2-MST51冷热循环要求的测试条件如下。

试验条件：温度在（-40±2）℃→（85±2）℃之间变化。

测试方法：将太阳能电池组件放入试验箱，然后调整温度，每次极端温度至少保持10min，每次循环不超过6h。循环50次或者200次（依据IEC 61215和IEC 61646）。

检测标准：减反射膜表面不起泡、不脱落，在380～1100nm内，透过率下降不大于1%为合格。

3. 高温高湿检测

（1）双85试验

双85是指在温度85℃±2℃、相对湿度85%±2%条件下，减反射膜样品放置1000h后，观察减反射膜表面的变化，其目的是测量减反射膜抵抗湿气长期渗透的能力。

检测标准：减反射膜表面不起泡、不脱落，在380～1100nm内，透过率下降<0.5%为合格。按我国建材行业标准，透过率下降不大于1%为合格。减反射膜表面不起泡、不脱落，在透过率降低不大于1%即合格。

（2）双90试验

这是对太阳能电池组件长时间湿热处理保证防止潮湿侵入的一个特殊要求的检测。其测试条件是温度90℃，相对湿度90%，检测时间120h（5天）。

检测标准：减反射膜表面不起泡、不脱落，在400～1000nm内，透过率下降<0.5%为合格。按我国建材行业标准，透过率下降不大于1%为合格。

（3）恒定湿热试验

检测方法：将太阳能电池组件放在相对湿度90%～95%、温度为+40℃±2℃的湿热环境下存放4天。

检测标准：减反射膜表面不起泡、不脱落，在380～1100nm内，透过率下降<0.5%为合格。按我国建材行业标准，透过率下降不大于1%为合格。

（4）快速耐高温高湿检测

这种试验方法和要求来自日本客户的要求，是检测减反射膜耐高温高湿能力的一种简单快捷有效的方法，其检查条件较为苛刻，但检测时间短，对减反射膜的耐高温高湿要求更高。

检测方法：将样片放入恒温恒湿箱，保持温度120℃，湿度99％，压力2atm（1atm＝101325Pa），实验时间24h。这种方法也称为高压锅蒸煮法。

检测标准：镀膜表面颜色无明显变化，硬度不变，不起泡、不脱落，在380～1100nm内，透过率下降＜0.5％为合格。按我国建材行业标准，透过率下降不大于1％为合格。

4. 热斑试验

热斑效应指太阳能电池组件中一个太阳能电池或一组太阳能电池因被遮光或损坏时，工作电流超过了短路电流产生的局部过热现象，这种局部过热产生的温度甚至高达150℃。遮光的原因可能为局部污染或其他原因。因此，在IEC 61730-2-MST22标准中，有热斑测试的要求，其目的是检测太阳能电池组件的耐热斑产生的加热效应能力。同理，减反射膜也要承受高达150℃的高温，所以，这一测试也可以用于减反射膜。

测试方法：将由稳态太阳模拟器产生的、辐照度$1000W/m^2 \pm 10\%$的模拟自然光，照射在太阳能电池玻璃减反射膜上5h。

检测标准：在太阳能光辐照后，检测减反射膜外观和测试透过率，外观无色变、无裂痕、无脱落，在380～1100nm内，透过率下降＜0.5％为合格。按我国建材行业标准，透过率下降不大于1％为合格。

二、耐低温性能测试方法和标准

太阳能电池组件低温测试主要有低温冷冻测试、低温贮存测试和低温高湿测试。

1. 低温冷冻测试

低温冷冻试验主要是用于检测太阳能电池组件的耐低温能力。参考IEC 68-2-1标准，方法如下。

检测方法：将样片放入冰箱，保持温度－20℃，时间为1400h。

检测标准：镀膜表面无破损、无裂痕。在380～1100nm内，透过率下降＜0.5％，或不大于1％即为合格。

2. 低温贮存测试

地面用太阳能电池组件应放在（－40±3)℃的低温环境下存贮16h。

检测标准：减反射膜表面不起泡、不脱落，在380～1100nm内，透过率下降不大于1％为合格。

3. 低温高湿测试

参考IEC 61730-2-MST52高湿冷冻试验，其目的是评估太阳能电池在高温和高湿下随后转换到0℃以下低温的抵抗能力。减反射膜借鉴此法，试验方法如下。

试验方法：在温度 85℃、相对湿度 85％±5％的条件下持续 20h，然后降温到—40℃ 0.5～4h，循环 10 次。

检测标准：检测减反射膜外观和测试透过率，外观无色变、无起泡、无脱落，在 380～1100nm 内，透过率下降＜0.5％为合格。按我国建材行业标准，透过率下降不大于 1％为合格。

第四节　耐风沙冰雹冲击性能测试方法和标准

太阳能电池组件广泛用于沙漠、高原，因为那里的阳光充沛，无遮无盖，太阳能可以被充分利用，太阳能电池组件在这些地方受到风沙腐蚀和冲击以及冰雹冲击为常见现象，在平原、丘陵地带，太阳能电池组件还存在灰尘沉积现象，所以减反射膜遭遇灰尘沉积、风沙冲击和冰雹损伤是一种常态。因此，减反射膜的耐风沙、耐冰雹能力，成为耐老化能力检测中的重要性能指标。

沙尘的遮盖不仅影响太阳能电池组件的光吸收，还影响其散热，除此之外，附着于玻璃表面的沙尘还将加速太阳能电池表面的化学腐蚀，因此，太阳能电池组件表面的减反射膜必须具有对于沙尘的抵抗和耐老化能力，尤其是那些用在高原和沙漠地区的太阳能电池组件，其减反射膜的耐风沙沉积和冲击以及耐冰雹冲击能力都必须达到满足太阳能电池组件寿命的条件。

一、冰雹撞冲测试方法和标准

减反射膜耐冰雹能力测试的方法和标准，参考 GB/T 18911—2002 标准进行。

检测方法：将直径标准为 25mm 的浇铸冰球冷冻 1h 后，按表 6-1 的要求，对不同质量的冰球采用不同的发射速度，用发射器以垂直的角度发射到距离发射器为 1m 的竖直固定放置的减反射膜玻璃上，每个不同质量的冰球发射间隔小于 60s，冰球击落点可以按九宫格法。发射完成后，检查减反射膜表面。

表 6-1　不同质量冰球的发射速度[4]

直径/mm	质量/g	试验速度/(m/s)	直径/mm	质量/g	试验速度/(m/s)
12.5	0.94	16.0	45	43.9	30.7
15	1.63	17.8	55	80.2	33.9
25	7.53	23.0	65	132.0	36.7

检测标准：检测减反射膜外观和测试玻璃透过率，外观无裂痕、无脱落，在 380～1100nm 内，透过率下降＜0.5％为合格。因客户要求不同，一般情况下，透过率下降不大于 1％也可视为合格。

二、耐风沙冲击测试方法和标准[5]

自然环境的沙尘主要与空气的干热有关，但大多数地区因季节变化，也存在沙尘环境，例如我国北方的春冬干燥季节，其沙尘对太阳能电池组件表面清洁度的影响和玻璃的损害极其严重。还有一些地区，像施工现场附近或公路附近的太阳能电站，太阳能组件表面受到的沙尘污染和损害也非常明显。

检测减反射膜耐风沙冲击能力的衡量标准有两种，一种是耐沙尘试验，另一种是减反射膜的耐磨性和硬度。这两种测试方法和标准从不同角度表征了减反射膜的抗沙尘能力和对在沙尘环境的适应性。

（一）第一种耐沙尘检测

目的在于测试暴露于干燥的降尘、吹尘和吹沙条件下，太阳能电池组件表面上减反射膜抗灰尘沙石的能力。

沙尘给太阳能电池组件带来的影响很大，主要包括以下两大方面。

① 对太阳能组件面板减反射膜的磨损和腐蚀，太阳能电池发电时，特别是夏秋高温季节，太阳能电池板面的温度升高，沙尘落上后，高温常将部分沙尘固化在玻璃表面，使太阳能电池板表面清洗难度增大，或者沙尘吸附于玻璃上，渗透到玻璃花纹里，影响太阳能玻璃透过率，进而影响太阳能电池组件的发电效率。

② 沙尘的沉积导致太阳能组件散热受阻，可能引起过热，导致烧毁整个太阳能电池线路，使太阳能电池组件不能发电，影响正常发电。

所以，减反射膜必须具备耐沙尘沉积性能和冲击能力，最好具有自清洁效果，例如，自然风可以吹走沙尘，保持太阳能电池组件表面的清洁。

减反射膜的耐沙尘检测方法主要是根据沙尘的颗粒大小、冲击速度及其持续侵害时间，检测太阳能电池组件上减反射膜对沙尘的耐受性。

本书参考沙尘试验标准（GJB 150.12A—2009）要求，根据太阳能电池组件的实际情况，结合减反射膜的应用要求，整理出检测减反射膜在普通地区的降尘情况和在平原、丘陵地区的吹尘情况以及在高原、沙漠地区的吹沙，甚至最恶劣的沙尘暴条件下，减反射膜的耐受性和稳定性。

检测的顺序是按耐受强度从弱到强逐步升级检测，其检测步骤为三步。

首先，在检测减反射膜的耐沙尘能力前，主要考虑自然环境状态和人为设计仿照在自然环境中可能发生的情况进行，这些包括：天气原因，这里考察的主要参数是温度、气压、相对湿度。季节因素，主要是沙尘速度、浓度和持续时间。根据这些参数，然后结合实际情况，设计测试条件，分别进行测试。测试标准不限于本书提供的数据，也可根据实际要求，调整测试条件。在此考虑到太阳能电池组件在使用中的温度会升高，因此设计温度测试条件为 $23\sim80℃$，而不是常温，温度的波动范围必须维持在±2℃的范围内，以保证测试结果的准确性。

减反射膜耐沙尘检测的第一步是降尘试验，降尘试验主要检测玻璃表面减反射膜对于没有空气流动时尘土长期积存条件下，减反射膜的耐受性和适应性。

测试条件：选择的尘土颗粒直径小于105μm，尘土的沉降速率为0.25g/(m^2·h)，即6g/(m^2·d)±1g/(m^2·d)，尘土垂直沉降在太阳能玻璃表面，试验环境条件为23～80℃，常压，相对湿度10％～30％，注意相对湿度不能大于30％，否则，灰可能与空气中的水汽结块，影响测试结果。这种方式持续时间为3天。

试验方法：将选择的灰尘按设计的速度和浓度垂直降落到减反射膜表面，在23℃持续降尘3天，然后升温到80℃，再持续降尘3天。完成降尘试验后，按镀膜玻璃清洗标准洗干净玻璃，观察玻璃表面外观和测试减反射膜的透过率变化。注意1h测一次温度和湿度，以保证测试条件的稳定性。

检测标准：外观无色变、无裂纹、无脱落，在380～1100nm内，透过率下降＜0.5％为合格。

减反射膜耐沙尘检测的第二步是吹尘试验。减反射膜吹尘试验是测试在有风条件下，更大颗粒对减反射膜的影响，其目的是测试太阳能玻璃表面减反射膜对动态尘土更大冲击力的耐受能力和适应性。

测试条件：尘土100％重量的颗粒大小为小于150μm，其中20μm±5μm的中等直径颗粒占重量的50％，吹尘速率为1.5～8.9m/s，吹尘量为1～100g/(m^3·d)，低温吹尘持续时间6h，高温吹尘持续时间6h。试验环境条件是温度为20～80℃，温度变化方式与降尘测试方式一样，常压，相对湿度10％～30％。

试验方法：将选择的灰尘按设计的速度和浓度垂直吹到减反射膜表面，在23℃吹尘持续6h，然后升温至80℃，再持续吹尘6h，完成吹尘试验后，按镀膜玻璃清洗标准洗干净玻璃，观察玻璃表面外观和测试减反射膜的透过率变化。注意1h测一次试验箱的温度和湿度，以保证测试条件的稳定性。

检测标准：外观无色变、无裂纹、无脱落，在380～1100nm内，透过率下降不大于1％为合格。再次是吹沙试验。吹沙试验是对减反射膜在极端环境的耐受能力测试，常见的是考验减反射膜对沙尘暴的耐受能力和适应性。

测试条件：沙尘的组成一般采用硅粉，其主要成分为二氧化硅（含量为97％～99％），在此选择颗粒更大并具有棱角的沙粒，其尺寸大小在150～850μm，其中，90％±5％的沙粒尺寸在150～600μm，5％的沙粒大于600μm，沙粒球度0.5～0.7，硬度系数7Ω^{-1}，吹沙速度为18～19m/s，沙尘暴时则选择30m/s，沙粒浓度（1.1±0.2)g/m^3。环境条件是温度为20～80℃，常压，相对湿度10％～30％。

试验方法：将选择的沙尘按设计的速度和浓度垂直吹到减反射膜表面，在23℃持续吹沙90min，然后升温到80℃，再持续吹沙90min。完成吹沙试验后，按镀膜玻璃清洗标准洗干净玻璃，观察玻璃表面外观和测试减反射膜的透过率变化。注意 1h 测一次试验箱的温度和湿度，以保证测试条件的稳定性。

检测标准：外观无色变、无起皮、无脱落，在 380～1100nm 内，透过率下降不大于 1% 为合格。

（二）硬度和耐磨性测试

减反射膜的耐磨性，体现了其抗外部剪切力的能力，硬度体现了其对外力的抵抗能力，这些性能对于沙尘的冲击，都有一定的极限值。因此，通过检测，可以确定减反射膜对沙尘的耐受能力和有沙尘的恶劣环境的适应性。

1. 耐磨性的测试

测试方法：按减反射膜耐磨性的负荷检测方法，耐沙尘冲击的减反射膜玻璃的耐磨性检测增加了负荷指毛毡在减反射膜表面的摩擦次数，由正常的负荷 400g 指毛毡往返 500 次提高到 1000 次，甚至根据特殊要求，可以提高摩擦次数。

测试标准：外观无色变、无裂纹、无脱落，在 380～1100nm 内，透过率下降＜0.5% 为合格。

2. 硬度的测试

测试方法：减反射膜硬度测试工业上常见的方法是采用铅笔硬度计测试。硬度由一般用途的 3H～4H（建材行业标准 JC/T 2170—2013 中规定减反射膜硬度 3H 即合格）提高到 6H，减反射膜即可达到耐沙尘强度。

检测标准：外观无色变、无裂纹、无脱落，在 380～1100nm 内，透过率下降不大于 1% 为合格。

第五节　耐紫外照射性能及其测试方法

紫外线对减反射膜的损伤主要体现在光分解上，参考国际太阳能电池组件耐候性检测标准 IEC 61730-2-MST54 和 IEC 61215，确定其检测方法为将样片放入紫外老化试验机中（图 6-2），接受波长为 280～320nm、强度 5kW·h/m²，或

图 6-2　紫外老化机[6]

者 $320\sim385nm$、强度 $15kW\cdot h/m^2$，辐照度不超过 $250W/m^2$（约为自然光的 5 倍），照射 720h。

检测标准：减反射膜表面无破损、无裂痕、无脱落，在 $380\sim1100nm$ 内，透过率下降不大于 1%，即为合格。

总而言之，减反射膜的耐老化检测指标有很多，随着太阳能电池技术的发展，减反射膜性能耐老化的检测方法也在改进，检测标准也在提高。以发展的眼光看问题，希望有更完善的检测方法和标准出台。

参 考 文 献

[1] 盐雾腐蚀的危害 风力发电机组如何防盐雾，新能源商务网：http：//www. xnyso. com/article/900. html，2017-11-23.

[2] https：//detail. 1688. com/pic/576235352137. html.

[3] JC/T 2170—2013. 太阳能光伏组件用减反射玻璃.

[4] GB/T18911—2002/IEC61646：1996《地面用光伏组件设计鉴定和定型》.

[5] GJB 150. 12A—2009. 军用装备实验室环境试验方法第 12 部分：沙尘试验.

[6] https：//detail. 1688. com/pic/570757146731. html.

第七章

柔性薄膜太阳能电池及其减反射膜

柔性薄膜太阳能电池是近年来发展最快的太阳能电池，和传统的硬性太阳能电池不同，柔性薄膜太阳能电池放弃了金属和玻璃，而是选用了可弯曲和可折叠的塑料薄膜、金属薄膜作为电池的衬底和盖板，即在金属薄膜或塑料薄膜上涂一层半导体材料，然后用塑料薄膜封装制成薄膜太阳能电池，这种太阳能电池具有柔性，超越了传统太阳能电池，可折叠、可弯曲、可卷绕、可制成不同的尺寸和形状，并且质量轻、便于携带，是一种新型的薄膜太阳能电池[1]。

柔性薄膜太阳能电池的出现，一下将太阳能电池的应用范围急剧扩大，并出现了势不可挡之势。目前柔性薄膜太阳能电池的产业化发展非常迅猛，其优异的特性，为拓广太阳能电池的使用范围和应用领域，带来了巨大的变化。截至目前，柔性薄膜太阳能电池组件已开始应用于形状特殊、携带方便的各个领域，甚至开始应用于建筑一体化，为那些形状各异的建筑增加了缤纷色彩。柔性薄膜太阳能电池的发展，为太阳能电池的应用打开了更广阔的空间，也为造福人类、提高环境质量带来了不可估量的社会意义。

第一节　柔性薄膜太阳能电池的特点和优势

一、柔性薄膜太阳能电池的特点

柔性薄膜太阳能电池的结构特点是电池的衬底和窗口都是柔性薄膜，可任意卷曲和折叠。而且其制造过程也不同于传统的硬性太阳能电池的方式，并具有以下特点。

1. 工艺简洁高效

首先，在塑料薄膜或金属箔片上镀一层可以发生光伏效应的半导体材料，然后用有机透明薄膜，将接线后的半导体材料进行压膜封装，就可直接制成柔性薄膜太阳能电池组件。

目前用于制造柔性薄膜太阳能电池的半导体有铜铟镓硒（GICS）、非晶硅、砷化镓、硫化铟以及染料敏化纳米材料等。

和传统硬性太阳能电池一样，太阳能生产厂家可以根据客户的要求将柔性薄膜太阳能电池制成各种尺寸的太阳能电池，不同的是柔性薄膜太阳能电池还能够被制造成不同的形状，这些太阳能电池组件形状可随意定制，而传统硬性电池则不可以。

柔性薄膜电池具备的柔性使其可像印刷报纸一样，还可以采用卷对卷技术进行大批量生产，因此可以极大地降低太阳能电池的生产成本。这种优越性被公认为制造和使用柔性薄膜太阳能电池将是未来太阳能电池的发展方向。

2. 用途更广泛

柔性薄膜太阳能电池由于质轻、柔软、形状和尺寸自由的特点，被广泛应用于各种可能的场合，例如：太阳能外套、太阳能背包、太阳能帐篷、太阳能汽车、太阳能帆船，甚至太阳能飞机等。同时，柔性薄膜太阳能电池与硬性太阳能电池一样，也可以用于光伏建筑一体化（BIPV）上。甚至根据应用要求，柔性薄膜太阳能电池不仅可以安装在窗户、屋顶和外墙上，还可以安装在曲面建筑上，使其不仅可以提供绿色能源，还能增加建筑的美感。

随着光伏技术的发展，光伏发电的应用越来越广泛，种类也越来越多，从传统的光伏电站（离网或并网），在一些硬性电池无法胜任的场合中，柔性太阳能电池正以其独特、柔韧的特点占据越来越大的市场份额，用以替代硬性太阳能电池。

在各种户外便携应用设备中，作为移动电源，特别在科考、军工等领域，柔性薄膜太阳能电池开始发挥着不可替代的作用。

按太阳能电池的研究和发展趋势，人们将尽量在一切可能的条件下利用太阳能资源。以往的太阳能电池都存在一个很大的弊端，就是太阳能电池本身的固定模式。例如：采用玻璃衬底玻璃封装，使太阳能电池组件不可避免地有着高硬度和太沉重的缺点，此外，尺寸大小也使传统硬性太阳能电池的使用条件受到限制。

为了更多、更好地利用太阳能，科学家们一直在追求制造一种方便快捷，可以尽情使用的太阳能电池，这些就是柔性太阳能电池诞生的原因。历尽波折，经过长期的研究和发展，柔性太阳能电池终于出现了。而且一旦开始应用，它就以极快的速度发展起来。

3. 消耗材料更少

柔性薄膜太阳能电池的最大特点之一，就是用料少。例如，采用等离子化学气相沉积技术，可大规模生产柔性薄膜太阳能电池，这种工艺是，在表面将三个分别有效吸收红、绿、蓝光的非晶锗硅合金薄膜组成的太阳能子电池重叠在一起，并沉积在一卷厚度 0.127mm、宽度 0.91m、长度长达 1600m 的不锈钢衬底上，组为一个总体厚度小于 $1\mu m$ 的三叠层太阳能电池。这种表面薄膜电池的厚

度仅为 $1\mu m$，还达不到普通多晶硅电池硅片厚度的 $1/100$，因此，使用半导体材料极少。

柔性薄膜太阳能电池仅用量小这一特点就可以使人们使用极为少量的材料获得更多的新型太阳能电池，极大地吸引了投资者，其在环境保护和节省资源方面都具有广阔的前景。

4. 使用材料多样化

柔性太阳能电池所使用的半导体材料有很多种，例如：传统的晶体硅、金属合金、小分子有机化合物、无机-有机杂化材料、碳纳米材料、石墨烯、钙钛矿

图 7-1　柔性薄膜太阳能电池[2]

材料等，所有新开发的半导体材料，都可以直接用于柔性薄膜太阳能电池。随着材料的研究进展，柔性薄膜太阳能电池可以不停地更新，电池效率也会不断地提高，因此，柔性薄膜太阳能电池将是发展最快的太阳能电池类型。

柔性薄膜太阳能电池板的产业化给世界太阳能产业带来了革命性的变革，这种新兴的技术和产品不仅将太阳能电池的应用领域扩展到高山、海上、偏远地区，同时还可以广泛地应用到家庭和个人。柔性薄膜太阳能电池的最大特点就是使太阳能电池的利用变为小型化、随机化、动态化。柔性薄膜太阳能电池的使用，是真正使太阳能成为可替代传统能源的开始（图 7-1）。

二、柔性薄膜太阳能电池的优越性

柔性薄膜太阳能电池的最大优势是可以任意弯曲成为曲面状或任何不规则形状，不同于以往的硬性太阳能电池板，柔性太阳能电池的柔性特征可以使这种太阳能电池应用于任何场合。例如：任意形状的服装表面，野外山顶帐篷表面，行走的流线型汽车顶部，海上帆船、赛艇、摩托艇的船舱表面，偏远地区的移动电源、临时性电源，紧急救助的小型储备电源等。

由于柔性薄膜太阳能电池可以任意折叠，所以，这种太阳能电池可以随身携带，并可置放于任何地点。因此，柔性太阳能电池不仅是一种可大面积建立太阳能电站的太阳能电源，也是一种可以移动的太阳能电源。其优势具体体现在以下几个方面。

① 易弯曲：柔性太阳能电池的最大优越性就是可弯曲，这种特性使之变得灵活，易适应使用环境。其底板为柔性薄膜，可根据使用条件任意弯曲。

② 品质轻：这是柔性太阳能电池使用方便的第二大因素，由于背板从金属换为塑料膜、封装材料从玻璃转为树脂，使太阳能电池的质量急剧下降，重量降为原来的 1/5 或 1/6，可以随身携带，轻便快捷。

③ 耐久性：柔性太阳能电池使用了抗紫外的聚合物封装材料，其表面光滑，表面张力，低不吸灰尘，即使落灰也可以被雨水冲掉，无需清洗，节省了大量水资源。

④ 耐遮影：柔性太阳能电池采用多层复合膜技术，扩展对光的吸收范围，在遇到遮蔽或阴天时，仍然能够转换输出比一般太阳能产品更多的电能。这种弱光下也能使用的特性，使太阳能电池的使用场合拓宽，使用时间延长，发电输出也更稳定。

⑤ 温度影响小：温度是影响太阳能电池输出的重大因素之一，高温使太阳能电池转换效率急剧下降，由于季节性的关系，长年日照密度随着气温变化，太阳能日照密度、云层遮盖的时间及温（热）效应等，太阳能电池运转效率因产品与气候有相当的关联。试验结果表明：与多晶硅太阳能电池比较，在标准全日照量（1000W/m²），以 60℃运转温度情况下，其能量（电压）转换折损高达 15% 以上，单晶态太阳能光电模块约 17%。而柔性非晶硅太阳能电池，不但未受影响，且在日照密度为 600W/m² 期间，获取的能量毫无损失。并在东亚季节气候下，其输出的能量反而有提升的迹象。原因是太阳能光电模块能量转换率，直接和太阳能电池所用材质、结构、技术有关。

⑥ 寿命长：柔性非晶硅太阳能电池使用寿命很长，整套光伏板发电系统 20 年内有 80% 的电能输出保证（因为光伏板在 15 年后会停止退化，此后光伏板仍能产生不少于 20% 的电能），20 年后整个光伏板系统还能使用多久主要依赖于建筑物所处的气候环境。控制器、逆变器等电子设备通常只有 5 年的使用寿命，5 年后需更换其中某些配件以使其正常工作，和汽车或日用电器需更换某些零部件一样简单，无需花费太多费用。据美国可再生能源研究室的户外系统测试报告，柔性薄膜太阳能电池的衰减率仅为 -0.74%。

三、柔性薄膜太阳能电池的起源和发展趋势

柔性薄膜太阳能电池的起因，源于硬性太阳能电池应用的局限性。为了克服硬性太阳能电池的缺点，早在 2002 年，美国加州大学的科学家就采用纳米技术，以硒化镉纳米棒为半导体制备出了几百纳米厚的夹层状柔性薄膜太阳能电池，这种新型的柔性太阳能电池光电转换率可达到 1.9%。

随后，荷兰、法国、葡萄牙等国家的科学家也开始从事这一工作，他们研究了称为 H-Alpha Solar 的柔性太阳能电池，其太阳能电池效率达到 1.3%，但生产成本低，每瓦仅需 1 欧元。在此基础上，他们又进行了大量的改善，将太阳能

效率提高到了 10％。

2004 年，日本夏普公司研制出一种超薄的太阳能电池，其厚度如纸，仅有 $200\mu m$，大小如名片，电池重量只有 1g，但却可以发电 208W，其太阳能光电转换效率却高达 28.5％，这个效果在当时是惊人的。同年，日本佳能公司也研究出一种由树脂包封的非晶硅太阳能电池，其特点是将非晶硅涂于柔性底层上制造太阳能电池。

2005 年，韩国电子和电信研究所也研究出了一种厚度仅有 0.4mm 的柔性薄膜太阳能电池，这种柔性薄膜太阳能电池的电池效率是硅太阳能电池的两倍，是当时全球效率最高的太阳能电池。

所有这些对柔性薄膜太阳能电池的研究，推进了世界范围内柔性薄膜太阳能电池产业的快速发展。之后，美国埃尔瓦薄膜（Iowa Thin Film）公司很快采用卷对卷技术用于柔性薄膜太阳能电池的生产，制造出了一系列柔性薄膜太阳能电池产品。他们的方法是将非晶硅半导体沉积在薄纸一样的柔性衬底上，生产一系列成本低、质量轻、高度集成的柔性薄膜太阳能电池，而且，这种产品可直接应用于太空飞行器上替代传统硅太阳能电池。

据统计，2004 年全球太阳能使用量为 927MW，到 2010 年，全球生产量则达到 32GW。在中国，仅在 2017 年 1～6 月半年的时间里，太阳能电池发电的累计装机容量就超过 100GW。那么柔性薄膜太阳能电池的生产和发展，将拓宽太阳能电池的应用和发展，预计不久的将来，柔性薄膜太阳能电池进入千家万户，并成为随身之物的时代指日可待。

第二节　柔性薄膜太阳能电池的分类[1]

柔性太阳能电池与硬性太阳能电池本质一样，只是改变了衬底材料，将光电转换半导体涂于柔性薄膜底层，然后用树脂封装制成柔性薄膜太阳能电池。因此，根据半导体光电转换材料的性质，柔性薄膜太阳能电池可分为：无机柔性薄膜太阳能电池、有机柔性薄膜太阳能电池、无机-有机杂化柔性薄膜太阳能电池和第三代柔性薄膜太阳能电池。第三代柔性薄膜太阳能电池包括了纳米太阳能电池、石墨烯太阳能电池和量子阱太阳能电池等，全部为近年来材料研究发展带来的新型材料。

无机柔性薄膜太阳能电池主要包括：非晶硅柔性薄膜太阳能电池、铜铟镓硒（CIGS）柔性薄膜太阳能电池、碲化镉（CdTe）柔性薄膜太阳能电池以及新型无机半导体材料制造的柔性薄膜太阳能电池。

有机柔性薄膜太阳能电池主要包括：有机小分子柔性薄膜太阳能电池、聚合物柔性薄膜太阳能电池等。

无机-有机杂化柔性薄膜太阳能电池包括：染料敏化柔性薄膜太阳能电池和透明纳米结构太阳能电池。

第三代柔性薄膜太阳能电池包括：纳米柔性薄膜太阳能电池、石墨烯柔性薄膜太阳能电池、纳米天线柔性薄膜太阳能电池以及量子阱柔性薄膜太阳能电池等。

柔性薄膜太阳能电池的发展非常迅速，所以太阳能电池的种类也会随着半导体光电转换材料的不断创新而层出不穷，因此，太阳能电池的每一个类别的电池并没有固定的局限。

一、无机柔性薄膜太阳能电池

无机柔性薄膜太阳能电池是根据半导体光电转换材料进行分类的，已经使用的有非晶硅、铜铟镓硒（CIGS）、碲化镉（CdTe）等，凡以无机半导体为光电转换材料制造的柔性薄膜太阳能电池都属于这一类。

1. 非晶硅柔性薄膜太阳能电池

柔性非晶硅太阳能电池柔软、透明、细薄（厚度约为 $1\mu m$），太阳能光电电池模块原件呈片状，其制造技术已完全成熟量产，1kW 所需硅材仅为 0.067kg（67g），其对高频日照光谱（蓝色）最为敏感。

非晶硅柔性薄膜太阳能电池的厚度仅是晶体硅电池的 1/300，并且还可以进一步降低原材料成本，其最大突破是 1997 年出现的一个三结叠层结构太阳能电池，这种结构大大提高了太阳能电池的转换效率和稳定性，稳定后的太阳能电池转换效率可达到 8.0%～8.5%，远远高于单层太阳能电池。

非晶硅三结叠层电池是由具有对太阳能光谱不同区段吸收的三层薄膜组成，例如：顶电池用 1.8eV 带隙的非晶硅 a-Si，吸收蓝光。中间电池用 1.6eV 带隙的硅锗合金 a-SiGe，吸收绿光，Ge 的含量为 10%～15%。底电池用 1.4eV 带隙的硅锗合金 a-SiGe，为 40%～50%，其吸收红光和红外光，Ge 的含量较高。太阳光依次通过三层半导体吸收层后，还有一部分没有被吸收的光线，经过 Al/ZnO 的背反射层反射后，回到三层半导体吸收层，再进行一次吸收过程，在此背反射层起到陷光作用。这样三层叠加的非晶硅柔性电池可以更有效地吸收入射光，提高了转换效率和输出功率，特别是在低入射光和散射光的条件下，性能更好。

2. 砷化镓（GaAs）柔性薄膜太阳能电池

众所周知，单晶硅的生产能耗大、环境污染严重，因此，为了寻找替代单晶硅的材料，人们开发了多晶硅、非晶硅。对于半导体而言，Ⅲ～Ⅴ族化合物、Ⅱ～Ⅵ族化合物，都是半导体材料，而且生产和原料价格都更低。所以研究者开始把目光转向这些半导体材料，砷化镓、硫化镉、碲化镉及铜铟硒渐渐被开发应用。但是，尽管硫化镉薄膜电池效率比非晶硅薄膜太阳能电池效率高，成本也比单晶硅电池低，易于大规模生产，但却因为镉有剧毒，对环境有危害，所以尽量不使用。因此，砷化镓（Ⅲ～Ⅴ族）化合物和铜铟硒薄膜电池，具有较高的转换效率，成为新的研究热点，并迅速投入使用。

GaAs 是Ⅲ～Ⅴ族化合物半导体材料，其能隙（E_g）为 1.4eV，正好在太阳能光的高吸收率区内，与太阳光谱的曲线很匹配。这种材料耐高温，即使在高达250℃的条件下，光电转换性依然能保持良好，其最高光电转换效率可达 30%，特别适合做高温聚光太阳能电池。但镓是一种比较稀缺的元素，砷有毒，所以GaAs 生产成本高，限制了 GaAs 太阳能电池的发展，因此，Ⅲ～Ⅴ族中的其他化合物 GaSb 和 GaInP 等渐渐被开发出来。

1998 年，德国费莱堡太阳能系统研究所研制出 GaAs 太阳能电池，其转换效率为 24.2%，后来采用堆叠结构制备了 GaAs 的 GaSb 电池，即将两个独立的电池堆叠在一起，把 GaAs 作为上电池，GaSb 作为下电池叠加组合，这种堆叠电池效率达到 31.1%，成为高效薄膜太阳能电池之一。

3. 铜铟硒（CIS）柔性薄膜太阳能电池

铜铟硒 $CuInSe_2$ 简称 CIS，其能隙（E_g）为 1.1eV，接近硅的能隙 1.2eV，也是高吸收值的半导体材料，同样地，CIS 薄膜太阳能电池也不存在光致衰退问题，所以，CIS 作为高转换效率的柔性薄膜太阳能电池材料，很快进入快速发展期。并且，CIS 薄膜太阳能电池从最初在 20 世纪 80 年代开发出来时只有 8% 的光电转换效率，快速发展到 15%，特别是日本松下电气工业公司所开发的掺镓CIS 薄膜太阳能电池，光电转换效率可达 15.3%。到 1995 年，美国可再生能源研究室获得了转换效率达到 17.1% 的 CIS 太阳能电池。随着 CIS 薄膜太阳能电池的研究进展，CIS 太阳能电池的转换效率还在不断提高。

CIS 这种太阳能电池的半导体材料，其价格低，制造工艺简单，是一种适合大批量生产的太阳能电池材料，但由于铟和硒都是比较稀有的元素，所以原料问题限制了这类薄膜太阳能电池的发展。

4. 碲化镉（CdTe）柔性薄膜太阳能电池

CdTe 是Ⅱ～Ⅵ族化合物半导体，其能隙（E_g）1.5eV，与太阳光谱极其匹配，最适合做光电转换材料，其理论光电转换效率高达 28%，而且这种半导体性能稳定，因此，在技术上发展很快。

国际上，许多国家的 CdTe 薄膜太阳能电池已开始进行规模工业化生产。例如，1998 年美国的 CdTe 太阳能电池产量为 0.2MW，但后续的美国高尔登光学公司（Golden Photo）迅速开始生产 CdTe 薄膜太阳能电池，生产能力很快达到2MW。日本的 CdTe 电池产量也在快速发展，德国 ANTEC 公司也建立了可年产 10MW 的 CdTe 薄膜太阳能电池组件厂，并将太阳能电池组件成本明显降低。

CdTe 薄膜太阳能电池组件不仅具有良好的性能，还有完美的外形，可用于建筑物，并可作为一种取代某些建筑材料的装饰性材料，因而使电池成本进一步降低。BP Solar 公司和 Solar Cells 公司在 CdTe 薄膜太阳能电池上都有大量生产。

CdTe 薄膜太阳能电池是太阳能光伏组件发展较快的一种，各国的研究和应用都非常迅速。中国早在 1980 年就开始了 CdTe 薄膜太阳能电池的研究，例如，Ⅱ～Ⅵ族化合物半导体多晶薄膜太阳能电池的研制等项目，并有新型薄膜 CdTe/CdS 太阳能电池材料的生产。

碲化镉容易沉积成大面积的薄膜，沉积速率也快，是技术上最容易制造，也最容易大批量生产的半导体材料。一般地，CdTe 薄膜太阳能电池以 CdS/CdTe 异质结为基础，制成的太阳能电池的填充因子 FF＝0.75，效率可达 16％。

由于碲化镉薄膜太阳能电池的制造成本很低，其应用前景巨大，但人们也因为碲的存量问题和镉的毒性问题，对这类薄膜太阳能电池的使用心存疑虑，所以，未来是否取消这种太阳能电池的使用仍存在质疑。

5. 铜铟镓硒（CIGS）柔性薄膜太阳能电池

铜铟镓硒（CIGS）柔性薄膜太阳能电池组成为铜 Cu、铟 In、镓 Ga、硒 Se，这种半导体材料具有光吸收能力强、光电转化效率高、发电量大、白天发电时间长、发电稳定性好、生产成本低（晶体硅的 1/3）、使能源回收周期大大缩短等优点。

早在 20 世纪 70 年代就有人开始研究这种半导体材料，其薄膜具有黄铜矿晶体结构，通过改变第Ⅲ族阳离子 In、Ga、Al 和Ⅵ族阴离子 Se、S 的含量，可以自由调节 CIGS 的带隙（E_g），做到光电转换效率可控。与非晶硅相比，由于 CIGS 晶体内部缺陷少，所以其性能更稳定，太阳能电池组件的寿命更长，可使用 25 年。而且在这种薄膜太阳能电池组件的使用过程中，铜离子的移动可以修复晶体缺陷，所以，其太阳能电池组件的性能会随时间不断提高，不会出现晶体硅的光致衰退效应。因此，这是一个理想的半导体光电转换材料，这种半导体材料的研究成功，对于柔性薄膜太阳能电池而言，是一种革命性的改变，而且，这种半导体表面所制造的柔性薄膜太阳能电池，也适合卷对卷方式的批量生产。

CIGS 柔性薄膜太阳能电池被国际上称为"下一时代非常有前途的新型薄膜太阳能电池"。目前，CIGS 薄膜太阳能电池因柔和均匀的黑色外观，被用于做对外观要求较高的大型建筑物的玻璃幕墙。同时，世界上已有多个铜铟镓硒薄膜太阳能电池组件建成的太阳能电站，有的装机容量高达兆瓦级。例如，由瑞士的 SolarMax 光伏并网逆变器公司提供的资料表明，2008 年 9 月在西班牙建成的 3.24MW 铜铟镓硒电站，已成功运行。

CIGS 电池的技术优点如下所述。

（1）光吸收能力强

CIGS 太阳能电池由 Cu（铜）、In（铟）、Ga（镓）、Se（硒）四种元素构成最佳比例的黄铜矿结晶作为吸收层，可吸收光谱波长范围广，除了晶硅与非晶硅太阳能电池可吸收光的可见光谱范围，还可以涵盖波长在 700～1200nm 的红外光区域，即一天内可吸收光发电的时间最长，可日夜连续工作。CIGS 薄膜太阳能电池与同一瓦数级别的晶硅太阳能电池相比，每天可以有超出 20％ 比例的总发电量。

（2）发电稳定性高

由于晶硅电池本质上有光致衰减的特性，经过阳光的长时间暴晒，其发电效能会逐渐减退，而 CIGS 太阳能电池则没有光致衰减特性，发电稳定性高。晶硅太阳能电池经过较长一段时间发电后，或多或少存在热斑现象，导致发电量小，增加维护费用，而 CIGS 太阳能电池能采用内部连接结构，可避免此现象的发生，与晶硅太阳能电池相比所需的维护费用低。

（3）转换效率高

根据美国国家再生能源实验室（National Renewable Energy Labs，NREL）所公布，目前太阳能电池转换效率最高可达 20.2％，而业界最高纪录可达 17％，普遍标准为 12％。

（4）生产成本低

CIGS 太阳能电池主要成本为玻璃基板与 Cu（铜）、In（铟）、Ga（镓）、Se（硒）四种元素构成的原材料，其中玻璃只需采用一般建材所使用的钠玻璃，不需要使用太阳能专用超白玻璃或者薄膜导电玻璃。四种金属元素不是贵重金属，而且每片电池板的 CIGS 吸收层所需膜层厚度不超过 $3\mu m$，原材料需求量不高，每片成本十分具有竞争力。

（5）能源回收周期短

太阳能电池是很好的可再生能源技术，可以解决人类的能源需求问题又不污染环境，但是生产太阳能电池本身也需要消耗一定的能源。评估一个可再生能源装置是否真正环保，除了转换效率外，更重要的是使用该装置所产生的再生能源，需要多长时间才能相当于当初生产时所消耗的能源总量，即所谓能换回收周期。根据美国能源总署（U.S. Department of Energy）研究，以 30 年寿命的太阳能装置为例，晶硅太阳能电池的回收期间为 2～4 年，而薄膜太阳能电池为 1～2 年。换而言之，每一个太阳能发电系统，可享有 26～29 年真正无污染的期间，所以，采用 CIGS 太阳能电池无疑是最佳选择。

铜铟镓硒太阳能电池板做成的柔性薄膜太阳能电池，其应用范围更广，仅因均匀的颜色和稳定的性能，这种柔性薄膜太阳能电池更适合应用于建筑一体化。

二、有机柔性薄膜太阳能电池

在有机薄膜太阳能电池（OPV）中，有机半导体光电转换材料即吸收介质通常由施主材料和受主材料组成。施主材料具有给出电子、吸收空穴的性能，混合后体现正电性，例如：共轭聚合物就是典型的施主材料。受主材料具有吸收电子、给出空穴的性能，混合后体现负电性，例如，富勒烯（C_{60}）及其同系物和衍生物就是典型的受主材料。

有机柔性薄膜太阳能电池比无机柔性薄膜太阳能电池有很多优点：

① 设备成本低，有机半导体吸收层可以通过化学技术直接自动合成，无需镀膜设备。

② 原料用量少，因为有机太阳能电池半导体吸收层只需 100nm 即可充分吸收太阳能，而无机薄膜柔性太阳能电池吸收层需要 $1 \sim 2\mu m$，是有机薄膜太阳能电池的 $10 \sim 20$ 倍。因此，有机薄膜太阳能电池质量比无机柔性薄膜太阳能电池更轻，有的有机柔性薄膜太阳能电池仅为 $25g/m^2$。

③ 有机柔性薄膜太阳能电池电能大小可调，通过调节有机吸收介质的吸收光谱和载流子输运特性，即可获得不同大小的电能。

但有机柔性太阳能电池也有缺点，例如：

① 使用寿命短，有机半导体衰减比无机半导体材料快，所以易于老化。

② 不容易封装，导致有机半导体易于受潮失效。

为了改善小分子有机柔性薄膜太阳能电池的缺点，在此基础之上，人们开发了聚合物有机柔性薄膜太阳能电池。

聚合物吸收层柔性薄膜太阳能电池克服了有机小分子薄膜太阳能电池的一部分缺点，但仍存在有机薄膜太阳能电池的其他问题。因此，科学家们结合无机-有机半导体各自的优越性，进一步研究开发了无机-有机薄膜太阳能电池。

三、无机-有机柔性薄膜太阳能电池

1. 染料敏化柔性薄膜太阳能电池

染料敏化太阳能电池是 20 世纪 70 年代，人们模拟光合作用，采用在半导体晶体材料二氧化钛 TiO_2 表面包裹一层叶绿素染料，从而开发出的一种无机-有机杂化材料的新型太阳能电池。由于电子在叶绿素中输运困难，所以电池的转换效率只有 0.01%。一直到 1991 年，瑞士化学家 Michael Gratzel 运用纳米技术，使用直径 20nm 的小颗粒海绵状 TiO_2 包裹染料形成 $10\mu m$ 厚的光学透明薄膜，才将太阳能电池的转换效率提高到 7.1%。随着研究进展，染料敏化电池的转换效率逐渐提高，目前已达到 11%。

在极弱的光线下，染料敏化太阳能电池也能进行光电转换，因此在柔性衬底上制备的柔性染料敏化太阳能电池具有弱光性的特点，可使这种太阳能电池具有丰富的色彩，更适合光伏建筑一体化（BIPV）。2003 年澳大利亚 Dyesol 公司就开始生产这种多颜色的染料敏化太阳能电池，2007 年英国 G24 Innovations 公司也采用卷对卷技术生产了年产 25MW 的染料敏化太阳能电池，其组件厚度小于 1mm，可广泛用于户外或手机、电脑的充电等，是一种便携式的移动电源。这种太阳能电池的弱光性也使染料敏化太阳能电池从"太阳能"电池变为"月亮能"电池。

染料敏化太阳能电池还有一大优越性就是温度升高，电池转换效率反而随之提高，与硅太阳能电池相反。所以，染料敏化太阳能电池可以作为能源用于高温场所，改变了太阳能电池不能用于高温场合的局限性。

2. 纳米透明导电多孔基染料敏化太阳能电池

染料敏化太阳能电池的进步主要体现在染料和纳米晶的进步，为了提高太阳能电池转换效率，日本三菱公司已开发出非金属吲哚啉染料，这种材料为纯有机染料，可使太阳能电池的转换效率达到 8%。由于纳米 TiO_2 晶体电子转移的局限性，人们已研究出透明导电的纳米多孔基体材料替代纳米 TiO_2。甚至为了提高太阳能电池转换效率，Gratzel 小组以 CIGS 为底电池，染料敏化层为顶电池，制造叠层电池，使其转换效率高达 15%。英国拉夫堡大学、荷兰能源研究中心等机构都陆续研究出不同的有机染料，用于提高太阳能电池的转换效率，这种改进的多孔基染料敏化电池具有更优越的性能，并且用途更为广泛。

四、新型柔性薄膜太阳能电池

1. 纳米柔性薄膜太阳能电池

纳米柔性薄膜太阳能电池是一种采用纳米技术将半导体光电转换材料在衬底上生长成纳米线或其他纳米材料的太阳能电池，例如：以 III～V 族半导体 GaAs 为原料在衬底上生长成纳米线。这种采用纳米线材料的太阳能电池吸收太阳能能力更强，并具有良好的陷光作用，其太阳能长期转换效率甚至高达 40%，远远超过其他材料的太阳能电池。而由 InGaP 等制备的纳米线多层膜太阳能电池，则与太阳能光谱具有更好的对应性，太阳能电池的转换效率将会更高。这些通过纳米技术对半导体材料制造工艺的改善和变革，为太阳能电池的光电转换效率提升提供了更大的发展空间。

2. 石墨烯柔性薄膜太阳能电池

石墨烯（graphene）是一种新型的导电材料，它是将石墨剥离而得到的一种单层烯碳膜材料。根据单层烯碳分子膜的结构特点，石墨烯具有金属的导电性和导热性，同时具有高硬度，并且石墨烯还是一种透明材料，因此，可以用于做透明导电材料，例如：透明触控屏幕、显示器、导光板等。

石墨烯的出现，也让人们更希望将其用于大幅度提高太阳能效率。据报道，西班牙 Graphenano 公司（主要以工业规模生产石墨烯）同西班牙科尔瓦多大学合作，研究开发出了国际上第一个石墨烯聚合物电池，其储电量可以达到现在市场产品的 3 倍。用这种石墨烯电池，可使电动车行驶达 1000km，充电时间却只有不到 8min，而且成本比锂电池还低 77％。

这一成果极大地鼓舞了太阳能电池领域的研究者们，他们将高导电的石墨烯加入色素敏化的染料敏化太阳能电池中，与一种柔韧透明的导电膜氧化铟锡复合，用塑料封装上，制成了具有柔韧性的太阳能电池，其光电转化效率可达 6.53％，并且还能从模仿雨水的盐水中产生几百微伏的电压。据报道，青岛大学解决了石墨烯基量子点高效太阳能电池的关键技术问题，其研究人员采用美国密苏里州大学研究的脉冲激光沉积技术，制备出了石墨烯基量子点，经过多种元素掺杂、表面化学修饰以及量子点负载等，实现了石墨烯基材料的电性能调控，已获得了低成本、高性能的石墨烯基量子点太阳能电池。

3. 量子阱柔性薄膜太阳能电池

量子阱（quantum well）是指与电子的德布罗意波长可比的微观尺度上的势阱。量子阱的基本特征是量子阱宽度（与电子的德布罗意波长尺度相近）的限制，使载流子波函数在一维方向上局域化，其阱壁限制了载流子的自由度，因此载流子只能在与阱壁平行的平面内运动，即只有二维自由度。因此在垂直方向，使导带和价带分裂成子带，导致量子阱中的电子态、声子态和其他基元的激发过程以及它们之间的相互作用，不同于三维材料。即在具有二维自由度的量子阱中，电子和空穴的态密度与能量的关系为台阶形状，而不是像三维体材料那样的抛物线形状。

由于量子阱中电子（或空穴）沿外延生长方向的运动受到限制，因此形成了一系列分立的量子能级，将电子（空穴）的波函数局限在量子阱中的现象，称为量子限制效应。量子限制效应使半导体量子阱具有各种独特的电子学和光子学特性。人们通过改变量子阱材料的组成、结构和薄层厚度等，可对这些特性实行调控。这些特性最主要的有：双势垒量子阱的共振隧穿效应，激子二维特性以及室温激光发射等。

量子阱的限制效应使量子阱形成分立能级，在双势垒量子阱结构中，当发射极电子的能量与量子阱中能级相等和横向动量守恒时，发生共振隧穿现象。当加大电场时，量子阱分立能级低于发射极带边，隧穿电流急剧减小，出现负微分电阻现象，即共振隧道二极管基本原理。这种特殊的 I-V 特性，已被应用于高频振荡器和高速逻辑电路等器件中。

在量子阱中，激子是准二维运动，由于量子限制效应，量子阱中二维激子的结合能几乎是半导体材料激子束缚能的 4 倍，所以在室温条件下，就可以观察到由激子效应引起的强吸收峰或强荧光峰。这一特性加上量子阱中态密度的二维特性，使量子阱激光器的阈值电流减小、发射波长可调、微分增益提高、特征温度等性能得到改善。

因此，制备半导体量子阱结构材料，就可获得具有阈值电流减小、发射波长可调的光电转换材料，这些优越特性被应用于太阳能电池。量子阱太阳能电池由Ⅲ～Ⅴ族复合半导体量子阱结构材料制造，其理论转换效率极高，可达 63.2%。例如，英国伦敦大学 K.Barham 研究的 GaAsP/InGaAs 多量子阱太阳能电池效率可达 27%。如果改进量子阱材料的制备方法，获得更多类型的量子阱材料，将可制造出更多的高效率太阳能电池。

4. 纳米天线柔性薄膜太阳能电池

纳米天线柔性薄膜太阳能电池是一种理想的太阳能电池，人们希望设计一种以偶极天线接受无线电信号的方式来全方位吸收太阳能，以获得太阳能转换效率达到 100% 的太阳能电池。这种太阳能电池具有宽光谱响应的整流体天线，可以直接把太阳能转换为直流电。这种太阳能电池结构是在镀有金属的柔性薄膜表面生长碳纳米管阵列，这些碳纳米管阵列在底部形成碳纳米管半导体隧道结起到整流作用，将碳纳米管光线激发的交流电转换为直流电，其中每一个碳纳米管相当于一个天线，其长度分别和太阳能光谱波长匹配，以便接收所有的太阳光。

目前，这种纳米天线太阳能电池已经由美国爱荷华国家实验室制造出来，并且也可以直接使用卷对卷技术批量生产。

5. 织物太阳能电池

以上各种主要是从光电材料的角度开发的新型柔性薄膜太阳能电池，还有一种从制造角度研究的太阳能电池。复旦大学彭慧胜设计制造了一种新颖的柔性织物太阳能电池，这种织物太阳能电池的制备方法是先通过电化学方法使得钛丝织物中的每根钛丝都长满了取向的二氧化钛纳米管，然后将二氧化钛修饰后的钛丝织物经过退火、染料吸附等处理，得到织物工作电极，再把取向碳纳米管纤维编织成织物作为对电极，两个织物电极简单地叠加，添加电解液并封装，就可获得织物太阳能电池，其能量转化效率可达到 3.67%，这种织物太阳能电池的特点和应用，就是可以编织到衣物里或在其他柔性材料中使用。

第三节　柔性薄膜太阳能电池的结构和封装材料

一、柔性薄膜太阳能电池的结构

柔性薄膜太阳能电池的结构和硬性太阳能电池结构是一样的，仅仅在背板和封装上使用的材料有所不同。表 7-1 列出了柔性薄膜太阳能电池和硬性太阳能电池的结构区别。

表 7-1　柔性薄膜太阳能电池和硬性太阳能电池结构区别

太阳能电池材料	硬性太阳能电池	柔性薄膜太阳能电池
封面	玻璃	塑料膜或者封装胶
封装胶	EVA	EVA 或其他树脂胶
电池片	半导体材料	半导体材料
背板胶	EVA	EVA 或其他树脂胶
背板	玻璃、铝合金	TPT、TPE 等塑料膜
框架	铝合金	不需要
线盒	根据半导体材料配备	根据半导体材料配备
密封胶	硅胶	硅胶
清洁	玻璃表面需要经常清洁	不需要

如表 7-1 所示，硬性太阳能电池中各种材料的功能和技术要求如下：

① 钢化玻璃是用于保护发电主体（如电池片），其透光率必须高（一般 91% 以上），并经过超白钢化处理。

② EVA 用来黏结固定钢化玻璃和发电主体（如电池片），透明 EVA 材质的优劣直接影响到组件的寿命，暴露在空气中的 EVA 易老化发黄，从而影响组件的透光率和组件的发电质量。除了 EVA 本身的质量外，组件厂家的层压工艺影响也很大，如 EVA 胶联度不达标，EVA 与钢化玻璃、背板粘接强度不够，都会引起 EVA 提早老化，影响组件寿命。

③ 电池片的主要作用就是发电，发电主体市场上主流的是晶体硅太阳能电池片、薄膜太阳能电池片，两者各有优劣。晶体硅太阳能电池片，设备成本相对较低，但消耗及电池片成本很高，光电转换效率也高，在室外阳光下发电比较适宜。薄膜太阳能电池，相对设备成本较高，但消耗和电池成本很低，光电转换效率相对晶体硅电池片只有一半多，但弱光效应好，在普通灯光下也能发电，如计算器上的太阳能电池。

④ EVA 的作用主要是黏结封装发电主体和背板太阳能电池板。

⑤ 背板的作用是密封、绝缘、防水。一般都用 TPT、TPE 等材质，必须耐老化，大部分组件厂家都质保 25 年，钢化玻璃、铝合金一般都没问题，关键就在于背板和硅胶是否能达到要求。

⑥ 铝合金保护层压件，起一定的密封、支撑作用。

⑦ 线盒，保护整个发电系统，起到电流中转站的作用，如果组件短路，线盒自动断开短路电池串，防止烧坏整个系统。线盒中关键的是二极管的选用，根据组件内电池片的类型不同，对应的二极管也不相同。

⑧ 硅胶，起密封作用，用来密封组件与铝合金边框、组件与线盒交界处。

有些公司使用双面胶条、泡棉来替代硅胶，国内普遍使用硅胶，工艺简单，方便，易操作，而且成本很低。

柔性薄膜太阳能电池与传统的硬性太阳能电池结构比较，有以下特点：

① 面板和背板都是塑料，但面板为封装塑料膜或胶，衬底为塑料片，都是柔性质轻材料。

② EVA 封装胶几乎一样。半导体、线盒、密封胶基本一样。

③ 最大的不同是柔性薄膜太阳能电池不需要支架，不需要表面清洁。

二、柔性薄膜太阳能电池封装的特点

柔性薄膜太阳能电池表面封装全部采用高分子薄膜，为了充分利用太阳能，对这种高分子胶膜表面进行了科学化设计和处理，即胶膜表面压制有纹路，这些纹路可吸收来自各个角度的光线，有效地防止日光的折损。即使在没有阳光的阴雨天，亦能产生 30％左右的功率，即弱光发电，整体效能比传统太阳能电池提升 20％。

不仅如此，柔性薄膜太阳能电池经封装后还具有免维护、防水、防腐、防污、抗冲击、抗重压、耐温绝缘等传统太阳能电池无法具备的优点。尤其表面使用高强惰性的氟塑料胶膜封装太阳能电池，其表面光滑不吸附，即使受到污染，亦可凭借雨水的冲刷或简单的清洁去除脏物，具有自清洁功能。而且这种封装的柔性薄膜太阳能电池具有耐高低温能力，在 −40～80℃ 的环境中均可正常工作，甚至某部位被子弹击穿，其余部分仍可不受之影响产生电能。

第四节　柔性薄膜太阳能电池的减反射膜

柔性太阳能电池结构是以树脂为包封材料，对平铺在柔性材料制成的底板无定形硅、染料、其他薄膜等光电材料转换层进行涂层包封制成的。

由于淘汰了玻璃，柔性薄膜太阳能电池重量只有传统太阳能电池板的 1/10，厚度只有 1/5，并可以做成任意形状和附着在任何物体表面。

柔性薄膜太阳能电池的减反射和传统太阳能电池的减反射有共同之处，也有区别。由于太阳能电池半导体光电转换材料相同，可以采用在硅或非晶硅表面制备减反射膜。但因为封装材料表面材质不同，还可以用不同的减反射技术达到减反射的目的。

一、柔性薄膜太阳能电池减反射膜分类

柔性薄膜太阳能电池的表面封装材料主要是有机聚合物透明薄膜，第一种方法是对于有的封装胶膜表面已经具有花纹的材料，直接减反射。第二种方法是对

于没有减反射花纹的薄膜表面，一般采取镀一层有机减反射膜或无机-有机杂化的减反射膜两种涂层。例如，通过酸刻蚀法或阳极氧化法制备铝表面倒锥形图案化模板，然后在模板上通过固化高分子材料聚二甲基硅烷得到高度规整的锥形防反射膜，这层减反射膜覆盖在柔性太阳能电池透光面，可将太阳能电池转化效率从 12.06% 提高到 13.14%。第三种，笔者将无机-有机复合物作为涂料，涂一层膜在柔性太阳能电池的聚合物透明膜表面，干燥后可获得一层具有减反射效果的功能膜，这层减反射膜可使透过率 90% 的 ITO 膜，透过率提高 3% 左右。第四种则是从原料出发，使用一种低折射率的封装膜材料，以获得高透过率的太阳能电池面板。

二、柔性薄膜太阳能电池减反射膜的制备

1. 制备具有减反射功能的三维纳米结构

柔性太阳能电池不同于硬性平板电池，其强度远远小于硬性太阳能电池，因此封装是重要的问题。众所周知，为了阻挡风沙雨雪等外界条件对太阳能电池表面的机械冲击和化学侵蚀，一般太阳能电池组件外表面需要有一个窗口层进行保护。而对于柔性薄膜太阳能电池，窗口层最常采用的方法是使用具有抗紫外线辐射和阻隔性能优异的聚合物透明薄膜。一般柔性薄膜太阳能窗口层的材料折射率大于空气折射率，所以当入射光到达空气/窗口层材料表面时，太阳光在入射太阳能电池表面时将发生反射，无法到达太阳能电池表面。

因此人们需要对窗口层表面进行处理，制造一层纳米锥三维结构，使空气和窗口层表面形成梯度变化折射率，这样来减少太阳能电池表面窗口层的光反射。但是，这种方法获得的几何层一般机械强度较低，制造成本很高，在光伏领域的应用是受到限制的。

中国科学院上海高等研究院薄膜光电中心研究了利用卷对卷压印技术制备出表面具有微米结构的柔性减反射膜。然后与硅基薄膜电池集成后，将太阳能电池的日发电量提高了 5.5%。这种膜还具有良好的疏水性能，使太阳能电池表面在户外实际工作中，更容易保持清洁。而且，通过力学性能测试结果也表明，微米结构的减反射膜比纳米结构具有更高的机械强度，这也是在表面封装材料上压花获得减反射花纹的一种（图 7-2）。

2. 在柔性薄膜表面涂覆减反射膜

在柔性太阳能电池封装膜表面涂一层减反射膜，是一种易于实施、效果明显，并可以逐步提高透过率的有效方法。在没经过处理的封装膜表面，这种涂一层减反射膜的方法可以达到提高太阳能透过率的作用。图 7-3 是笔者在具有 ITO 导电层的 PET 膜上涂覆的减反射膜，这种减反射膜可提高 ITO 膜的太阳能透过率 3.0% 左右，在 PMMA 透明有机玻璃上双面涂层，则可使其透过率到

99.9%。同时，这种减反射膜也是一种无机-有机复合的功能膜，除了具有减反射效果外，还具有防灰、防水的自清洁功能。

图 7-2　柔性 ITO 膜生产车间

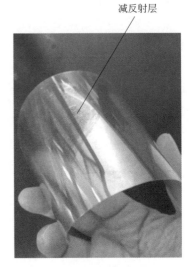

减反射层

图 7-3　柔性 ITO 薄膜上的
减反射膜样品

3. 制造低折射率的封装材料

还有一种比以上两种更好的方法，就是直接制备低折射率表面具有减反射结构的柔性太阳能电池封装材料，这种封装材料可以最大地减少作为太阳能电池窗口对太阳能光的反射率，提高太阳能电池效率，并减少为增加太阳能电池表面反射带来的附加成本，是人们的一个理想，也将是未来太阳能电池减反射材料的发展方向。目前已有人在研究，例如：选择耐老化性能优越的有机硅橡胶、有机氟橡胶，通过压延获得表面具有三角锥形结构的可封装材料或制造中空结构、多层膜达到减反射目的。这种材料制造的技术难点主要是封装工艺，例如：低折射率表面膜的封装工艺温度控制，对表面膜的热压大小等。

相信在不远的将来，柔性薄膜太阳能电池能效率更高，利用率更大，携带更方便，应用更广泛。

参 考 文 献

[1] Mario Pagliaro，Giovanni Palmisano，Rosaria Ciriminna. 柔性太阳能电池. 高扬，译. 上海：上海交通大学出版社，2010.

[2] http：//image. baidu. com/search/detail? ct = 5033164800&z = 0&ipn = d&word = 柔性太阳能电池图.

第八章

自清洁减反射膜的制造与应用

太阳能电池光伏组件用于户外，暴露于空气中，受到自然环境的影响，太阳能板表面的污染成为不可回避的问题。随着太阳能电池光伏组件应用范围的不断扩大，太阳能电池替代火电的形势迅猛发展，对太阳能电池的维护和供电稳定性要求日益提高。对于减反射膜，除了希望其提高太阳能电池组件的光电转换效率更多发电外，也希望减反射膜能具有更多的功能来维持太阳能电池组件发电的稳定性，因此，自清洁的概念被引入到减反射膜功能中来。

笔者从事自清洁涂料开发与玻璃镀膜技术研究、太阳能玻璃减反射膜涂料开发与镀膜技术研究工作多年，并应用到生产实际中，产生了一定的经济效益。在本章中，将分别介绍超亲水减反射膜技术和超疏水（防灰）减反射膜技术。

第一节　超亲水自清洁减反射膜的制造与应用

一、超亲水减反射膜的工作原理

玻璃表面的超亲水膜是一种具有极性基团或特殊结构，可以和水形成离子键或对水具有吸附功能的薄膜。这种膜的表面含有强极性基团，例如，羟基—OH，或其他极性基键，例如，TiO_2 在光照下产生的钛氧键 Ti—O—，或玻璃本身的极性键 Si—O—等。这些极性基团或化学键遇到水时，强烈吸附水中的 H—O—键，或因表面结构的毛细孔结构，在玻璃表面形成一层超亲水膜，其亲水角＜5°，甚至更低。这层超亲水膜具有以下几种功能：

① 超亲水膜隔离了灰尘和其他污物，可以直接冲洗掉薄膜表面的灰尘；

② 当水滴落在玻璃表面时，超亲水性使水滴快速在玻璃表面扩散，超薄的水膜很快干燥，水滴无法存留于玻璃表面形成污迹；

③ 如果减反射膜中含有 TiO_2，则其在水和阳光下可分解玻璃表面的有机物（油污），使飘落在玻璃表面的油污不能紧密吸附，并被分解和挥发除去，表现出自清洁功能。

超亲水膜的特殊性体现在其可自动清除玻璃表面的灰尘、油污、污迹，达到自清洁的效果。这部分详细内容可参考《自清洁玻璃》[1]一书。

二、表面组成和结构对超亲水效果的影响

如前几章所述，减反射膜的制造是基于制备低折射率光学膜，这种光学膜比基底材料的折射率越低越好，即减反射光学膜的折射率和基材的折射率比较，减反射膜折射率越低，减反射效果越好，提高基材的透过率越大。

为了获得更低折射率的减反射膜，必须制造更大孔隙率的光学膜。在实际制造中，除了利用膜材料的本征孔隙率，也可以专门人为地去设计制造孔隙率，那么这种减反射膜的表面结构就有可能有两种，即开放式的多孔表面结构和封闭的无孔表面结构。

一般开放式多孔膜表面都具有一定的毛细孔效应，有极性基团的表面对于水和其他无机小分子化合物都有一定的吸附性。此时，膜表面的组成和结构都直接影响减反射膜表面的吸附能力大小。

为了制造超亲水膜，从化学组成上考虑，一般设计薄膜表面都具有极性基团，这些极性基团大多数是羟基，或负氧离子键，或其他离子键。从结构上考虑，大多采用开放型多孔结构。这两种方法结合，就可以得到超亲水的膜表面，达到超亲水效果。

三、光催化对表面自清洁的影响

光催化指玻璃薄膜表面分子在光照和水的作用下，能够将吸附在薄膜表面的有机物分解为 CO_2 和 H_2O，自动清除膜表面油污。由于空气中飘浮的油污基本都是有机物，所以，如果落在玻璃表面将明显影响玻璃的清洁和透过率，但在潮湿天气或用水时，在减反射膜表面会自动形成超亲水膜，对轻度油污有一定的隔离作用。

以往对油污的清洗，按平常的清洗办法，都是使用清洗剂，但清洗剂对环境都有一定污染，所以，人们希望尽量减少对环境的二次污染。而且清洗玻璃也是一个巨大的工程，需要大量的人工、水、电等，并且还存在高空操作风险。

如果在玻璃表面涂一层具有超亲水的并可以分解有机物的自清洁涂层，将节省下大量的洗涤剂、人力和物力，这也是提出使用自清洁玻璃的原始动力。

一般光催化材料为纳米二氧化钛，作为光催化剂的二氧化钛参与自清洁膜中，除了分解玻璃表面的有机物之外，还可以同时具有释放负氧离子的功能，这一功能对周围环境有一定的空气净化作用，同时达到了环保与节能的目的。

四、超亲水自清洁减反射膜的制备

（一）材料的选择

目前，市场需求的和已工业化大批量生产的太阳能玻璃都是以二氧化硅为主的多孔膜材料，有很多是通过加入树脂作为黏合剂或通过溶胶-凝胶法与玻璃表面结合，附着于玻璃表面。涂膜生产工艺也基本采用辊涂方法在太阳能超白压花玻璃上进行涂覆。因此，多数减反射膜工艺相同，唯一不同的是涂料来源，即涂料配方和相关这种涂料的成膜工艺参数不一样。涂料成分的不同，导致减反射膜的减反射效率也不一样。

减反射膜增透的关键是膜的折射率，它和膜的组成和结构有关，所以，选择原材料对减反射膜的成分和结构都有影响。原则上，用于太阳能的钠钙玻璃，其折射率1.52，二氧化硅的折射率也基本是1.52，二氧化钛折射率2.2，二氧化锆折射率2.2，二氧化锡折射率2.6，但是多孔结构的二氧化硅、三氧化二铝、氧化锆、氧化钛的折射率却低于这些原料密堆积时的折射率。此外，这些原料的中心原子都是化合价三价以上的，可以形成多孔材料。因此，常常被选作减反射膜的原料。我们知道，减反射膜的折射率和膜的结构有关，那么，膜是否多为孔材料，孔隙率为多少？这些则取决于涂料配方和减反射膜的加工工艺。事实上，减反射涂料才是减反射膜质量高低的核心，因此，多年来，在减反射膜技术上的竞争，主要在减反射涂料技术上[2~12]。

为应用起见，减反射膜必须具有一定的力学性能和耐老化性能，一般膜的孔隙率越大，折射率就越低，膜的透过率则越高，但其机械强度越低，所以，这也是减反射膜不能达到极限减反射率的原因，因为孔隙率大的膜，其机械强度低。

由于减反射膜的折射率越低其透过率越高，因此，在选择制膜原料时，在保证其他性能时尽量选择折射率低的，或易于形成大孔隙率的高机械强度的原料，这些材料主要是金属氧化物或非金属氧化物。一般，目前广泛使用的这类减反射膜的制膜工艺都是玻璃钢化前的镀膜工艺，其工艺流程为清洗、涂膜、烘干、高温钢化、再清洗，所得到的减反射膜一般为开放型多孔膜。减反射效果较好，附着力和其他力学性能也合格。笔者采用的是以二氧化硅和二氧化钛为骨架的多孔膜制造原料，一般为硅酸酯、硅酸盐和钛酸酯、钛酸盐，并通过硅树脂赋予涂料工艺适应性。

（二）结构设计

1. 减反射膜厚度确定

减反射膜的膜厚度与入射波长有关，目前，在太阳能行业，一般入射光波长采取：

$$\lambda = 550nm$$

所以，按此波长计算，膜厚 d 应该为：

$$d = \lambda/4$$

即：$d = 137.5\text{nm}$

但由于一般无机材料的减反射膜都是多孔膜，而膜厚度与膜的折射率也有关系，一般实际减反射膜的膜厚度小于理论计算值。所以，在生产实际中，减反射膜的厚度一般设计在 $80 \sim 120\text{nm}$，有些用户为力学性能和耐老化考虑，减反射膜膜厚控制在 200nm 左右。

2. 减反射膜结构

以二氧化硅和二氧化钛为骨架的减反射膜除了本征孔之外，设计加入制孔剂，在制造过程中，可获得人工孔隙率，后面有测试结果。

（三）工艺和流程

目前，几乎所有太阳能玻璃厂的减反射膜都采用减反射涂料，制备过程大多采用辊涂工艺，然后将减反射涂料辊涂在太阳能超白压花玻璃上。工艺参数因不同厂家的配方不同进行调节，一般工艺流程为：

玻璃清洗—干燥—涂膜—烘干—钢化—清洗—成品

需要说明的是，在涂膜部分，可以分别采用不同的方法，例如辊涂、喷涂、刮涂等工艺，但其他部分基本相同。这些方法的不同之处是工艺参数，例如，烘干固化温度、烘干固化时间、湿度等。

（四）膜的结构测试结果

笔者采用相同配方的减反射涂料，在不同工艺条件下制备的多孔结构减反射膜，其原子力显微镜（AFM）照片如图 8-1 所示。

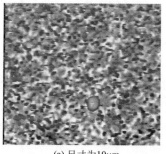 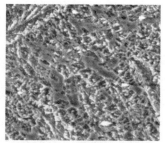

(a) 尺寸为10μm   (b) 尺寸为2μm

图 8-1　刮涂法减反射膜 AFM 照片

从图 8-1 可以看到，刮涂工艺所制备的减反射膜，表面微观结构为颗粒堆积的不规则多孔材料，颗粒尺寸为 $20 \sim 30\text{nm}$，颗粒之间的微孔尺寸在 $20 \sim 30\text{nm}$，颗粒堆积成具有大孔径不规则的多孔形貌，大孔径在 $50 \sim 100\text{nm}$。

图 8-2 为辊涂工艺所制备的减反射膜，减反射膜表面微观结构仍是颗粒堆积

的不规则多孔材料，颗粒尺寸在 10～20nm，颗粒之间的微孔尺寸在 10～20nm，比刮涂法颗粒小，颗粒也是堆积成具有大孔径不规则的多孔形貌。大孔径在 100～300nm。与刮涂工艺相比，颗粒小，不规则孔径大。

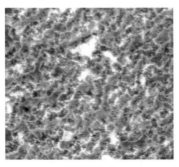
(a) 尺寸为10μm

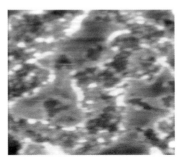
(b) 尺寸为2μm

图 8-2　辊涂法减反射膜 AFM 照片

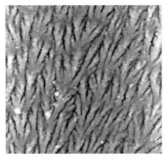
(a) 尺寸为10μm

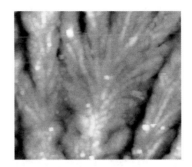
(b) 尺寸为2μm

图 8-3　喷涂法减反射膜 AFM 照片

图 8-3 是喷涂工艺制备的减反射膜，膜表面形成了颗粒定向增长的麦穗状晶体形态，颗粒大小为 50nm 左右，大小均匀，膜的中空结构是麦穗之间的空隙。

从上述结果可以看到：涂膜工艺不同，获得的减反射膜的结构不同，减反射膜的孔隙率不一样，减反射效果也不一样，其他性能检测结果都不同，这些结果表明：涂膜工艺对产品质量的影响很重要。

五、多孔自清洁玻璃的宏观效果

图 8-4 是自清洁多孔膜的现场效果照片，从照片可以看到，在雨后，

(a) 超亲水涂层效果　　(b) 普通玻璃表面

图 8-4　自清洁效果照片

有多孔自清洁膜的玻璃，表面无水珠，干燥，无任何痕迹，视觉效果清晰。而无自清洁膜的玻璃上有水珠，玻璃透过率低，存在水珠的折射和散射，视觉效果差，在水珠慢慢干燥后，会留下水斑。

六、多孔膜的优势和不足

从以上用不同的工艺制备出的多孔减反射膜照片可以看到其表面为开放型多孔形貌。多孔表面的减反射膜可以对阳光形成漫反射，有利于减少太阳能的反射，而且极性材料的多孔表面对水具有毛细管效应，易于吸水，有利于膜表面的自清洁。

但多孔表面存在以下缺点：①不仅易于吸水，也容易吸灰和吸附其他极性有机物，在长期没有雨水或清洗的情况下，多孔表面比光滑表面更容易吸附杂质。②表面吸附导致减反射膜的光学性质不稳定，使折射率增大或不均匀。③对空气中酸碱性物质的吸附，随着使用时间延长，导致减反射膜的化学性质发生变化，可能引起膜结构的变质或松动，影响减反射膜的附着力。④多孔表面不光滑，使减反射膜表面的摩擦力增加，降低了减反射膜的耐磨性。

以上缺点促使减反射膜的研究者们，为克服上述问题去研究开发出一种表面光滑并疏水防灰的自清洁减反射膜，以适应干燥多尘地区。

尽管如此，在潮湿多雨的地区，超亲水自清洁减反射膜依然具有良好的自清洁效果和明显的减反射作用。

第二节　疏水防灰自清洁减反射膜的制备与应用

为了克服超亲水减反射膜的缺点，针对太阳能电站的实际问题，笔者研究开发了表面超光滑可以疏水防灰的自清洁减反射膜。

首先，让我们来了解一下，灰尘的性质和其对太阳能电池光伏组件的影响。

一、灰尘的类型和性质

（一）灰尘的分类

灰尘主要有天然灰尘和人工粉尘。天然灰尘主要指在自然界中的灰尘，指那些天然的泥土、沙石、飞灰、植物碎屑等自然产生的灰尘。人工粉尘是由于工业或者人为造成的粉末，粉尘的分类比较多，主要有两大类，一种是按粉尘的性质分类的粉尘，另一种是按颗粒大小分类的粉尘。

按性质可将粉尘分为两大类：①无机粉尘，指无机材料碎屑、粉末等，包括金属，例如铁、铝、铅等金属或金属化合物；非金属，涵盖非金属矿物质，例如沙石、煤石、棉及其复合物等；还有人为制造的灰尘，诸如水泥、玻璃纤维、碳粉、金刚石粉等。②有机粉尘，指有机材料碎屑和粉末，包括植物性粉末，诸如面粉、木材、烟草、甘蔗、茶等；动物性粉末，例如毛发、兽皮、角质等，还有人工有机粉末，例如塑料、化纤、树脂、炸药、有机染料等。除了上述两种，还有无机材料和有机材料粉末的混合粉末。

按颗粒大小粉尘分为三大类。

① 灰尘：粒子直径大于 $10\mu m$ 的粉末，在静止的空气中，会加速沉降，但不扩散。

② 尘雾：粒子的直径在 $10\sim0.1\mu m$，属于微米级颗粒，在静止的空气中，以等速降落，但不易扩散。

③ 烟尘：粒子直径在 $0.1\sim0.001\mu m$，属于纳米到分子间颗粒。这种极小的颗粒，其体积接近于空气分子，因此，与空气分子之间存在互动，受空气流影响。

而天然灰尘可参考粉尘的分类方式，按性质分为无机和有机两类，或按颗粒大小分为灰尘、尘雾和烟尘。

（二）灰尘的性质

从灰尘的分类可知，灰尘分为无机材料和有机材料，其性质和分类有关。

太阳能电池大多数使用在野外，主要接触的是天然灰尘，因此可知，无机的灰尘主要是灰尘、尘土、沙石等，这些材料主要是硅酸盐类，例如，硅酸钠、硅酸钙、硅酸铝等。而有机灰尘基本是植物、动物毛发等，大多数为碳水化合物，但天然污染物还包括鸟粪，它却是由蛋白质等杂物组成，这些大多数是有极性基团的化合物。

二、灰尘分布及其对太阳能电池组件的危害

（一）灰尘来源、分布和影响因素

野外的灰尘来源于土壤和沙石被风吹的扬尘，和当地的环境有关。城市的灰尘来源于工业排放、燃烧、土壤、大气污染等。灰尘是随机分布在空气中的，其无处不在。但干燥地区多于多雨地区，沙漠地区多于沿海地区，这些灰尘分布因地理环境而存在巨大差异。一般地，按地理环境考虑，灰尘的分布与沙漠、黄土高原、平原、沿海地区的分布一致，即沙漠灰尘最大，黄土高原其次，平原再次之，沿海地区灰尘最小。但具体的环境影响灰尘的分布，例如，工厂附近，有粉尘排放的地方等，灰尘都会很大。

灰尘对光伏电池板的影响主要有以下几个方面。①灰尘性质，灰尘含多种化学物质，其生物性质和静电性质不同，由于灰尘的性质不同使其落在太阳能板表面上的吸附性质不同，即化学吸附还是物理吸附，附着力大小差别也很大。灰尘颗粒的大小、形状和重量也影响灰尘的吸附性质。②太阳能光伏组件所处的当地

环境条件，包括气候因素、环境特点。气候因素有温度、湿度、气压等，环境因素有沙漠、高原、周边植被种类等。环境因素中，风的因素也很重要，风速低会促进灰尘累积，风速高可以消除灰尘累积。常见的情况是在一个倾斜或者垂直的面板表面，灰尘由高速风吹到低压风处，使灰尘聚集在太阳能电池面板的边缘处沉积。③太阳能电池光伏组件的面板情况也是影响灰尘沉积的因素之一，光滑的表面和粗糙的表面不同，一个粗糙的有残留物的表面比光滑、干净的表面更容易积累灰尘。灰尘本身也会吸附灰尘，一旦有了初始灰尘存在，就会导致更多的灰尘累积。④由于重力原因，水平放置的太阳能电池表面比倾斜表面更容易累积灰尘。

（二）灰尘对太阳能电池光伏组件的危害

灰尘对光伏组件的危害有以下几方面。

1. 减少辐照度

灰尘对太阳能电池组件最直接的危害就是减少太阳光辐照度，沉积在太阳能电池光伏面板表面的灰尘阻挡了太阳的辐射，使太阳能电池表面玻璃的透过率降低，导致太阳能电池组件吸收光的有效面积减少，并且削弱了面板所接收的太阳能辐射强度，同时使太阳辐照不均匀，导致电量降低，输出功率减少。灰尘的沉积浓度越大，面板的透光率越低，太阳能电池吸收太阳辐射越低，发电量越少。

2. 阻挡散热

覆盖在太阳能电池光伏组件面板上的灰尘除了使通过玻璃板的太阳光透射率减小、阻挡太阳辐射外，也影响光伏面板的散热。灰尘附着在太阳能电池表面，阻挡了太阳能电池产生的热量向外传递，使太阳能电池板自身热量无法释放，导致太阳能组件本身温度越来越高，直接降低了太阳能电池光伏发电的效率。当电池表面灰尘积累到一定厚度时，表面传热热阻增大，对面板有保温作用，使太阳能电池的散热受到严重影响，甚至烧毁电路。

目前广泛投入使用的太阳能电站中太阳能电池大多数为硅基太阳能电池，这种太阳能电池对温度十分敏感，温度升高将导致发电输出下降。现场测试结果表明，硅基太阳能电池温度每上升 $1°C$，其输出功率约下降 0.5%。从这个结果可知：灰尘沉积严重，对太阳能电站带来的损失是巨大的。

3. 造成腐蚀

灰尘的成分比较复杂，包括了酸性物质和碱性物质，太阳能电池一般为玻璃封装，其主要成分为二氧化硅、钠钙硅酸盐等。当灰尘遇到空气中的水或水蒸气湿润后，可与玻璃的组成产生酸式或碱式反应，这些反应的结果，即形成的盐易于被水冲刷掉或留在玻璃表面继续腐蚀玻璃，最后给玻璃表面造成腐蚀。随着时间延长，玻璃表面腐蚀越来越严重，使其表面失去平滑完整，减少了太阳辐射在光伏组件表面的透过率和均匀性，半导体材料吸收的光通量减少，减少了太阳能电池的发电量。

灰尘也会对太阳能电池光伏组件的其他部位产生腐蚀，特别是对于金属材料的附件，例如，支架和外框等，腐蚀更为严重，因为在雨水、灰尘作用下，金属支架会发生电池反应，使金属腐蚀得更快，因而影响了太阳能电池组件整体的使用寿命。

综上所述，灰尘对太阳能电池组件的危害很大，不可忽视。清理灰尘给太阳能电站带来的生产成本也是巨大的。

在太阳能光伏电池中，最重要的参数之一就是太阳能玻璃的透过率，它直接影响着光伏电池的输出功率。而灰尘堆积却是影响太阳能玻璃透过率最大的关键因素。大量的调查研究文献显示：灰尘堆积使太阳能电池的输出功率急剧降低[13]。特别是在沙漠地区，灰尘堆积是影响太阳能电池功率输出的最大因素。根据 Shaharin 等[14]在阿拉伯地区的调查揭示：在八个月内，灰尘堆积可导致太阳能光伏电池输出减少 32％。

同样，在科威特，光伏电池由于沙子堆积电池输出减少至 17％。

Saying 等所做的灰尘堆积对倾斜玻璃的影响实验结果表明：暴露 38 天后，倾斜角在 0°～60°，太阳能电池透过率从 64％降低到 17％。他们还观测到：3 天灰尘堆积之后，水平收集器和倾斜的太阳能电池组件相比，有效能源收率减少 30％。此外，他们还发现堆积的灰尘颗粒越小，减少的太阳能收率越大。

为了改进太阳能电池玻璃的透过率，科技人员做了大量的调查、试验和研究，在减反射膜研究中，分别开发了玻璃表面刻蚀技术、聚合物薄膜 PU 压膜技术、溶胶-凝胶涂层技术等。

也有一些防尘玻璃膜技术的研究，诸如在太阳能电池表面涂一层 $Cu(In, Ga)Se_2$，用于太阳能电池组件的减反射和防灰。

M. Barletta 通过严格控制两组分聚硅氧烷、环氧树脂与用三甲氧基硅丙基胺交联，涂在浮法玻璃表面，获得了光滑的、超疏水的厚度均匀固化膜，用以达到防灰的目的。Wonwook 等则建立了评价太阳能电池板上的光学膜的减反射和防灰体系[15,16]。

此外，其他物质也会对太阳能玻璃造成半永久性的损害，像铁屑、鸟类粪便等，这些损害原理和灰尘类似，也是不能恢复的。

三、防灰的原理与应用

灰尘是由尘土、沙子、鸟粪等组成，鸟粪最后分解物为尿酸，这些都是具有强极性的硅酸盐和酸。根据相似共溶原理，在玻璃表面的极性基团特别容易和雨水、空气中的二氧化碳等，产生化学反应腐蚀玻璃。但非极性的分子组成的膜表面分子和极性的灰尘分子是相互排斥的，相遇时互不亲和。当灰尘落在非极性分子膜表面时，灰尘分子不能与非极性膜分子反应生成化学键形成化学吸附，也不能因静电极性互相吸引形成静电吸附于膜表面，从而使灰尘无法牢固地附着于玻璃表面，这就是非极性膜表面的防灰功能原理。同理，水也是极性分子，非极性的膜表面也与水互相排斥，因此，非极性分子膜表面也具有防水功能。这种防水功能不仅有利于提高玻璃的耐湿性能，也可以因为疏水使玻璃表面的防高湿、防盐雾、防酸碱等性能都显著提高。我们知道，耐高温高湿是提高太阳能电池寿命的重要参数之一，防水膜可以提高太阳能电池光伏组件的耐老化性能。

由于非极性分子膜疏水，所以，其亲水角很大，疏水表面遇水时具有荷叶效果，也证明了疏水膜的表面张力或表面能很低。荷叶效应排斥水，也排斥灰尘。当涂有疏水膜的太阳能板倾斜时，水珠将带着灰尘自动滚落，如图 8-5 所示。这一点表明：疏水表面具有自清洁功能。同理，高致密疏水表面也使灰尘无法形成化学吸附或物理吸附，进一步表明：这种低表面能的非极性分子减反射膜具有自动防灰的功能，如图 8-6 所示。

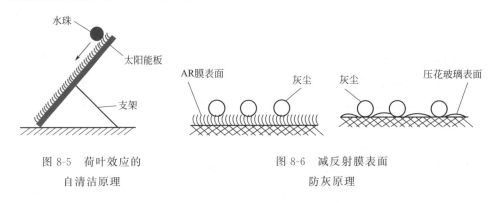

图 8-5　荷叶效应的
　　　　自清洁原理

图 8-6　减反射膜表面
　　　　防灰原理

四、太阳能电池板的清洁方法、水用量和积灰发电损失

到目前为止，大多数太阳能电站还是依靠自然条件，下雨和刮风清除太阳能电池板表面的灰尘。有些小型或中型太阳能电站仍然采用人工清洗的方法，清洁处理太阳能电池光伏组件表面，例如，用拖把、柔软的抹布或者塑料橡胶刮板进行清洗和除灰。人工清洗的优点是只有人工成本，无需设备电力等消耗，缺点是在清洗过程中，一是不可避免地会划伤玻璃面板，二是太阳能板不能长期承受人体重量，三是清洁工人的安全，因为大多数太阳能光伏组件不是在地面，而是悬架在离地面有一定高度的空中。

大中型太阳能电站一般采用机械清洁，都是使用高压水枪清洗太阳能板。这种方法，清洁效果较好，不损伤太阳能板。缺点是消耗水、电较大，清洁过程中形成大量污水污染环境。

现在提倡机械除尘技术，即利用机械化的刷子结合喷水冲洗光伏面板的自动除尘装置或靠机械力将粉尘扫走。这种方法的优点是自动化程度高，但有些机器清洁效果较差，成本较高。

目前，按已有太阳能电站清洗统计数据表明，在我国中部地区，对于大型太阳能电站机械清洗的结果是，清洗 1MW 的太阳能电池板，需消耗水 100t。如果按我国目前的实际装机容量 165GW 来看，一年清洗一次，则需要消耗 1650 万吨，这还是最低用水量。这一数据是惊人的，特别是在我国西部地区，也是太阳能电站最多的地区，干燥，使太阳能板积尘更大，每年清洗不止一次，但因为缺水，使太阳能板清洗成本更高。

数据表明，积灰对太阳能电站发电量损失的影响范围大概是，南方多雨湿润地区，积尘导致的损失约占总发电量的 7%～8%；中部气候较为温和地区，约占 17%～18%；沙漠干燥地区，约占 30% 以上；在风沙地区，损失甚至达到60%～90%。如果按发电量平均损失 15% 计算，我国太阳能电站每年因太阳能板积灰带来的发电损失就有 24.75GW，这些积灰产生的发电损失已达到十几亿元人民币，其结果不可为不惊人。因此，设计制造防灰的或具有防灰功能的减反射膜技术迫在眉睫。

五、防灰减反射膜的设计与制备

（一）减反射膜的设计与制备

根据防灰原理，减反射膜的表面必须是非极性分子膜，笔者在已有的减反射膜专利[17]的基础上，设计了一种由无机-有机纳米杂化材料合成的减反射涂料，为水性涂料。在将这种合成的减反射涂料涂布到太阳能玻璃表面后，经过辊涂工艺涂覆于太阳能玻璃表面或柔性膜表面，经过干燥，在基材表面形成了非极性分子减反射膜，这种由无机分子和有机分子合成的减反射膜是一种被设计的为互穿网络的无机-有机复合材料，其在空气表面形成非极性基团定向排列的分子膜，如图 8-7 所示，其表面能很低，表现出疏水性，原子力显微镜照片展示出其表面超平滑，并且具有高硬度。经过测试显示：这种光学薄膜的减反射效果明显，可提高玻璃的透过率 2%～3.2%，平均提高透过率 2.5% 以上，并且薄膜表面具有疏水疏灰的效果。

有机分子链

图 8-7　减反射膜表面结构设计——AR 膜表面结构

（有机分子链定向排列）

（二）膜的结构和性能测试

防灰减反射膜的表面结构和形貌测试，采用型号为 Atomic Force Microscope（Bio-scope Catalyst，Brucker Company，German）的原子力显微镜对减反射膜表面进行测试。

膜硬度采用型号为 CT-231 的铅笔硬度仪测试。

太阳能玻璃透过率通过 UV-Lambda 750S（Perkin Elmer 制造）分光光度计测试。

表面亲水角通过拍摄减反射膜表面水滴照片测试水滴的亲水角确定。

膜老化试验参考 ICE 61215—2005 标准测试。按前面几章所述方法分别测试减反射膜的附着力、耐磨性、耐酸耐碱、耐盐雾、耐紫外辐射以及耐高温高湿等性能。

防灰性能采用玻璃放在户外不同地点，每个时间段，测试太阳能玻璃的透过率。通过比较灰尘堆前后太阳能玻璃透过率变化，判断减反射膜的防灰性能。

六、防灰减反射膜的表面结构与性能测试结果

（一）减反射膜表面结构和形貌

图 8-8(a)、（b）分别为膜表面结构和形貌的原子力显微镜（AFM）照片。图 8-8(a) 是 $10\mu m$ 范围内膜表面结构和形貌，它显示膜表面为平滑的像海浪一样在 21.6～178.2nm 浮动的形貌。图 8-8(b) 是 $1\mu m$ 范围内膜表面结构和形貌照片，其形貌和图 8-8(a) 一样，表面形貌也是像海浪一样在 1.4～12.1nm 浮动，但从照片上可以看到：在更细微的空间内，膜表面更平滑，几乎无微孔，表明膜表面结构致密。

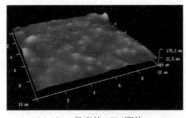　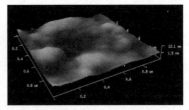

(a) 10μm尺度的AFM照片　　　　　　　(b) 1μm尺度的AFM照片

图 8-8　防灰减反射膜表面结构与形貌

这种致密的超平滑结构使灰尘或其他微小物体很难渗透进减反射膜层中去，低表面能的结果使强极性的灰尘只能悬浮在玻璃表面，在外部条件下很容易除去，例如：轻微的风就可以吹走或雨水易于冲掉。

（二）膜的亲水角和疏水疏灰性能

亲水角是表征膜表面分子或基团与水分子—OH 或其他极性分子作用的一个

重要指标。

低表面能的非极性基团组成的膜表面用于防止灰尘、尘土、沙子、木屑等这些常见极性分子在减反射膜表面形成吸附和渗透。

水是一种典型的极性分子，因此不能与非极性基团组成的膜表面基团形成氢键，所以减反射膜表面表现出疏水特性，也具有防灰特性。减反射膜的疏水性测试结果

图 8-9　减反射膜表面疏水效果

如图 8-9 所示，水滴在减反射膜表面形成收缩的球状水珠。

从图 8-9 可以看到，水滴在减反射膜表面形成了水珠状颗粒，经过测试，亲水角为 126°，超过定义膜超疏水时的 90°。因此可以知道，所制造的减反射膜是疏水的，也说明了减反射膜表面分子或基团是非极性的，表面具有低表面能，也是疏灰的，具有防灰功能。

（三）减反射膜的硬度

减反射膜的表面硬度具有多种功能，首先，高硬度可以克服外力的冲击，保持膜的完整性，防止水或其他杂质侵蚀玻璃；其次，完整光滑的膜表面也减少了膜表面摩擦系数，为膜提供了表面摩擦力小的耐划伤能力，同时高硬度可以防止灰尘的沉积和侵入。

根据铅笔硬度仪测试结果，所制造的减反射膜表面硬度＞6H。

硬度大小取决于涂料配方，多个样品的测试数据结果显示，随着膜中 TiO_2 含量增大，减反射膜的硬度提高，最高可以达到 9H，但透过率却逐渐下降，增透率只有 2.0%。在考虑减反射膜的各项指标平衡后，一般采用硬度为 6H 的配方，在硬度合格的情况下，尽量选取减反射率最大的涂料配方。

综合上述各项试验结果表明，疏水和高硬度的膜表面在耐水性上远远优于普通玻璃，耐水性提高，其耐高温高湿、低温高湿的功能都明显提高。由于水的腐蚀会缩短玻璃的寿命，防水涂层有利于提高太阳能玻璃的使用寿命。高致密疏水表面也使灰尘无法在减反射膜表面形成化学吸附或物理吸附，对玻璃表面的腐蚀性降低。综上所述，高硬度超平滑疏水的减反射膜具有良好的防灰功能和减反射效果。

（四）耐老化试验结果

耐老化试验结果表明，这种具有疏水防灰高硬度的减反射膜，比多孔表面的减反射膜耐老化性能更好。

（1）耐酸碱测试结果

按 GB/T 18915.1 标准，经过 1mol/L NaOH 溶液浸泡 24h，减反射膜表面无起泡、无变色、无脱落，透过率下降 0.3%，达到合格标准。

按 GB/T 18915.2 标准，经过 1mol/L HCl 溶液浸泡 24h，减反射膜表面无起泡、无变色、无脱落，透过率下降 0.0%，达到合格标准。

（2）耐盐雾测试结果

按 IEC 61215 标准，样品放入 5% NaCl 溶液盐雾试验机 96h，减反射膜表面无起泡、无变色、无脱落，透过率下降 0.3%，达到合格标准。

（3）耐紫外测试结果

按 IEC 61215 标准，样品放入紫外老化试验机中，接受波长 280~400nm、强度 15kW·h/m² 紫外线照射 720h，减反射膜表面无裂纹、无变色、无脱落，透过率下降小于 0.3%，达到合格标准。

（4）耐高温高湿测试结果（快速水煮试验）

将样品放入恒温恒湿箱中，保持温度 120℃、压力 2atm、相对湿度 99%，持续 24h，减反射膜表面无变色、无脱落，透过率下降小于 0.3%，达到合格标准。

（5）耐冷冻测试结果

按 IEC 68-2 标准，样品放入冰箱中，保持温度 −20℃，持续 1400h，减反射膜表面无裂纹、无变色、无脱落，透过率下降小于 0.3%，达到合格标准。

（6）耐磨性测试结果

按 EN 1096-2—2001 标准，将负载 400g、面积 0.5cm² 的指毛毡在减反射膜表面进行机械摩擦 1000 次，减反射膜表面无裂纹、无脱落，透过率下降小于 0.1%，达到合格标准。

以上测试结果表明：表面高平滑疏水的减反射膜耐老化性能更优异，远远好于纯无机材料的减反射膜。其原因可能是疏水的表面防止了极性溶液分子的表面吸附和进入，例如：酸、碱、盐、水分子等，保护了减反射膜的表面，提高了减反射膜的耐老化能力。

第三节　减反射膜的应用和产业前景

减反射膜在太阳能电池上的应用，可以给太阳能电池效率带来明显的提高，但是这一项仅是减反射膜的应用之一，除此之外，减反射膜还广泛应用于光学、通信、交通、军工等领域。

一、减反射膜在平板显示器上的应用

随着电子化的迅猛发展，平板显示器已成为所有科技领域不可或缺的必需器材。

平板显示器是一种显示器件，但近年来特指显示屏对角线的长度与整机厚度之比大于 4：1 的显示器件。

平板显示器包含了几代显示器，从平板型阴极射线管、真空荧光显示器、等离子体显示器、液晶显示器到现在的电致发光显示器、发光二极管、量子点显示器等。

平板显示器的应用领域极为广泛，它涉及工业、农业、军事、航空航天、医学、教育、通信等，无处不在。例如，日常生活中的电视显示屏、电脑显示器、手机等，平板显示器现在已经成为所有电子产品上必需的配件。

特别在军事领域，高清显示器对监测监控系统、通信系统、电子战系统、导弹火控系统等都起着至关重要的作用。目前，平板显示器已成为当今发展最快的高新技术之一。

平板显示器分为两种，一种是显示器主动发光的，另一种是被动发光的。无论怎样改进平板显示器的分辨力，其表面都存在反射现象，特别是玻璃封装的平板显示器，眩光和光反射成为影响显示器清晰程度的重要因素，例如，在强光下或日光下，手机、电脑的清晰度降低。减反射膜的应用对消除眩光和表面增透提供了改进空间，对提高平板显示器清晰度、判断信息的准确性以及因减反射膜的应用带来的其他良好反应，都有明显效果。如果将减反射膜应用于平板显示器市场，这一领域的应用将有着巨大的市场空间。

二、减反射膜在光学仪器上的应用

光学仪器指测试、观测类别的仪器，包括放大镜、显微镜、望远镜、棱镜、目镜、物镜、透镜、滤光片、滤色片，以及分光仪、色差仪、光谱仪、影像仪、投影仪、折射仪、经纬仪、水准仪、光度计、激光水平仪、熔点仪、夜视仪等光学仪器。

减反射膜在光学仪器的应用由来已久，但是随着材料科学的发展，减反射膜的效果和制造方法在不断更新、提高。特别是纳米技术的出现为减反射膜在光学仪器上的应用，提供了更为先进的技术和更精良的减反射效果。随着光学仪器领域的发展，减反射膜技术也随之发展，仿生纳米技术制造的减反射膜将为这一领域带来更完美的未来。

三、减反射膜在汽车和飞机挡风玻璃上的应用

众所周知，飞机和汽车的挡风玻璃的透过率和眩光对其行驶安全有着极大的影响，减反射防眩光一直是汽车领域没有很好解决的问题，特别是夜间行车过程中，眩光给司机带来的危险一直都存在。如果所有的汽车都使用减反射膜，则汽车行驶安全将会得到明显提高，由此造成的伤害将会急剧降低。

在飞机上，对挡风玻璃也有着减反射的要求，特别是战斗机的挡风玻璃透过率，对飞行员的视觉和战斗力有着巨大影响，如使减反射膜应用于这一领域，将

为这一领域带来不可限量的前景。

四、减反射膜在农业塑料膜上的应用

农用塑料大棚所用的塑料膜的功能就是充分利用太阳能、起到保温的作用，以使大棚保持一定范围的温度和湿度，保证农作物的快速生长。塑料大棚在寒冷地区，起到了改变季节差异对人们生活质量的影响，塑料大棚的保温栽培作用，对缓解蔬菜淡季的供应起到了重要作用，带来了显著的社会效益和经济效益。图 8-10 为冬季北美的塑料大棚。

图 8-10　冬季塑料大棚
（摄于美国纽约州）

一般的塑料薄膜为聚氯乙烯、聚乙烯塑料薄膜，适于大面积覆盖，因其质量轻、透光保温性能好、可塑性强、价格低廉，广泛用于塑料大棚。但根据聚氯乙烯和聚乙烯的折射率可知，其透过率在 90％左右，如果能够利用减反射膜提供塑料膜的透过率，提高阳光利用率，对塑料大棚的保温效果会更加明显。

五、减反射膜在太阳能电站上的应用

减反射膜在太阳能电站上的应用将随着太阳能电池的小型化和家庭化而逐渐推广，在太阳能电站的光伏组件上使用防灰自清洁的减反射膜，将为太阳能电池组件带来一劳永逸的收益，按提高 6％～15％（因地区效果不同）计算，25 年减反射膜提高的电量累积收益远远超过使用减反射膜的投入，减反射膜使用当年即可回收投入（图 8-11）。

图 8-11　路边随处可见的太阳能电站（摄于美国纽约州）

减反射膜的应用范围很广，例如：在太阳能热水器的应用，可以明显提高热水器制热效率。减反射膜的制造技术也因应用领域不同而采用不同的工艺，其生产成本的差别也很大，因此，在对性价比评估的前提下，可以不断地扩大其应用。特别是对太阳能的利用，减反射膜起着关键作用。

参 考 文 献

[1] 李玲. 自清洁玻璃. 北京：化学工业出版社，2006.

[2] Nubile P. Analytical design of antireflection coatings for silicon photovoltaic devices. Thin Solid Films，1999，342：257-261.

[3] Ho Yu hsuan，Ting Kuan han，Chen Kuan yu，et al. Omnidirectional antireflection polymer films nanoimprinted by density-graded nanoporous silicon and image improvement in display panel. Sol Energy Mater Sol Cells，2013，21（24）：29827-29835.

[4] Lesnic D. Determination of the index of refraction of anti-reflection coatings. Math-in-Ind Case Stud J，2010，2：155-173.

[5] Bao G，Wang Y. Optimal design of antireflection coatings with different metrics. J Opt Soc Am A，2013，30：656-662.

[6] Alakel Abazid M，Lakhal A，Louis A K. A stable numerical algorithm for the design of anti-reflection coatings for solar cells. Int J Renew Technol，2016，7（1）：97-111.

[7] Jie Zhang，Su Shen，Xiao X Dong，et al. Low-cost fabrication of large area subwave length anti-reflective structures on polymer film using a soft PUA mold. Optics Express，2014，22（1）：1842-1851.

[8] Chen D. Anti-reflection（AR）coatings made by sol-gel process. Sol Energy Mater Sol Cells，2001，68：365-391.

[9] Yasuyuki Ota，Nawwar Ahmad，Kensuke Nishioka. A 3.2% output increase in an existing photovoltaic system using an anti-reflection and anti-soiling silica-based coat. Solar Energy，2016，136：547-552.

[10] Barletta M，Puopolo M，Tagliaferri V，et al. Retrofitting of solar glasses by protective anti- soiling and-graffiti coatings. Renewable Energy，2014（66）：443-453.

[11] Oh Wonwook，Kang Byungjun，Choi Sun，Bae，et al. Evaluation of Anti-Soiling and Anti-Reflection Coating for Photovoltaic Modules. Journal of Nanoscience and Nanotechnology，10689-10692.

[12] Jeri Ann Hill，Jonas D Mendelson，Michael F Rubner. Reversibly erasable nanoporous anti-reflection coating from polyelectrolyte multilayars. Nature Materials，2002，1：59-63.

[13] Mohammad Reza Maghami，Hashim Hizam，Chandima Gomes，et al. Power loss due to soiling on solar panel：A review Renewable and Sustainable. Energy Reviews，2016（59）：1307-1316.

[14] Shaharin Anwar Sulaiman，Atul Kumar Singh，Mior Maarof Mior Mokhtar，et al. Influence of Dirt Accumulation on Performance of PV Panels. Energy Procedia，2014（50）：50-56.

[15] El-Shobokshy M S，Hussein F M. Degradation of photovoltaic cell performance due to dust deposition on to its surface. Renew Energy，1993（3）：585-590.

[16] Mejia F，Kleissl J，Bosch J L，The effect of dust on solar photovoltaic systems. Energy Procedia，2014（49）：2370-2376.

[17] Li Ling，Li Yue，Qi Jingbin. The manufacture of self-cleaning and ceramic anti-reflection nano coating and the anti-reflection film on the solar glass：ZL2010 1 0528950.3.

第九章

防灰减反射膜在太阳能电站的应用实例

第一节　国内外太阳能电站的现状

一、全球太阳能电站总量和分布

2016 年 11 月，针对全球气候变化的《巴黎协定》正式生效，这是由全球近 200 个国家共同达成的协定。随着这个协定的生效，对可再生能源、清洁能源的投资需求急剧增加。太阳能光伏产业作为最自然的选择，成为各国政府寻找替代传统能源的最有效手段。

当前，太阳能作为可再生的清洁能源已成为替代传统火力发电的发展趋势，仅 2016~2017 年，全球光伏装机由 230GW 增加到 415GW，几乎翻了一倍，而全球光热发电装机容量也快速增加达到 5.6GW。2018 年在美国举行由全球光伏研究机构参加的"1000GW（Terawatt Workshop）"研讨会上，70 多位太阳能行业顶级专家共同认为：在未来 5 年内（2023 年以前），全球光伏累计装机可达 1000GW。但如果按目前太阳能（光伏）电站的发展速度，以现在光伏装机的增速每年 25％的情况下，那么到 2030 年，全球光伏的累计装机则可达 7000GW。

中国已经成为太阳能发电发展速度最快的国家，截至 2018 年 10 月，中国的光伏发电装机总容量已达到 165GW，占全球太阳能发电总装机容量的近 1/3。中国政府计划到 2020 年向可再生能源和低碳能源发电领域投资 3600 亿美元，大力发展太阳能、风能、水电和核能发电，其中太阳能发电所占比例最大。在中国，太阳能电站分布于全国各地。仅全球最大的十大太阳能电站中，中国就占了三个，其他中小型太阳能电站更是星罗棋布，遍布全国的高原、沙漠、山峦，甚至水上。例如：安徽建成的全球最大漂浮式太阳能电站，规模高达 40MW。这个大型浮动式光伏太阳能电站坐落于水塘之上，共安装了 166000 块太阳能电池板。其壮观场面如图 9-1 所示。

图 9-1 安徽水上太阳能电站[1]

这种浮动式的太阳能电站将无用的水和土地充分利用起来，水用于自然冷却太阳能电池系统和环境温度，提高了太阳能电池的发电效率，并限制了太阳能电池由于发电致热对本身带来的长期热损害，大大提高了太阳能电池板的寿命。与此同时，将太阳能电站建立在废弃的池塘之上避免了占用土地，为人口稠密的地区腾让出了更大空间。这种浮动式太阳能发电厂是一种创新，对太阳能发电的可持续发展提供了新的可行模式。

下面按大小排序，介绍全球最大的十几个太阳能（光伏）电站。

（1）宁夏盐池新能源综合示范区电站

这个太阳能电站装机容量是 2GW，占地约 6 万亩（1 亩＝666.67m²），是全球最大的单体光伏电站。以宁夏的光照条件，该项目建成后，预计年平均上网电量将达到约 29 亿千瓦·时。按同样的发电量计算，与火电相比，每年可节约标准煤 101 万吨。该示范区还进行了综合建设，其涵盖了风、光、生物质、储能等多元互补因素，是一个可再生能源发电系统，同时，也是建设绿色现代牧业养殖示范基地和绿色现代牧草种植示范基地，以及作为全球最大光伏的旅游基地。其在 2016 年 6 月已并网 380MW，并开始运行。

（2）龙羊峡水光互补光伏电站（Longyangxia Dam Solar Park）

它是 2013 年 NASA 公布的卫星照片中所说的从太空中看得见的地球上的唯一太阳能电站（图 9-2）。该电站位于青海省海南州，共有 9 个光伏发电生产区，总装机容量为 850MW，占地面积 20.40km²，是目前全球建设规模最大的水光互补并网光伏电站。2013 年Ⅰ期 320MW 已并网发电，2015 年Ⅱ期 530MW 已竣工，电站每年输送 824GW 电量到西北电网。

"水光互补"是指把光伏发电站和水电站进行组合并为一个电源。其优势是将水电与光伏发电协调运行，利用水电与光电互补，将水电调节后再送入电网，从电源端起解决了光伏发电稳定性差的问题。

龙羊峡水光发电站互补一期、二期工程已运行五年，累计发电 53.44 亿千瓦·时，相当于节省标准煤 187.04 万吨和减少二氧化碳排放 466 万吨，为改善当地生

图 9-2　NASA 公布的卫星照片

（框内，2017 年 1 月 5 日摄）[2]

态环境提供了有力的支持。

（3）Kamuthi 光伏电站

此电站位于印度泰米尔纳德邦的 Kamuthi 地区，电站的装机容量为 648MW，共安装了 250 万块太阳能光伏电池板，占地面积 10.36km²。正式运行之后，能满足印度 15 万户家庭的用电所需的电量。

（4）太阳星Ⅰ和Ⅱ（Solar StarⅠ andⅡ）

太阳星Ⅰ和Ⅱ位于美国加利福尼亚州罗莎蒙德，装机容量 579MW，采用了 170 万块太阳能电池板，占地面积为 13km²。2015 年 6 月竣工，2015 年 6 月 19 日并网发电。

太阳星Ⅰ发电量为 318MW 交流电或 397.8MW 直流电，而太阳星Ⅱ发电量为 279MW 交流电或 349.5MW 直流电。

（5）黄玉光伏电站（Topaz Solar Farm）

黄玉电站位于美国加利福尼亚州圣路易斯-奥比斯波县（San Luis Obispo County，California），装机容量 550MW，占地面积 25km²，年发电量 1301GW•h，可供应加利福尼亚州 16 万户家庭用电。2011 年 11 月开始建造，2013 年 2 月陆续完工，2014 年 11 月全部竣工。

该电站太阳能电池板采用美国第一太阳能（First Solar）公司的薄膜技术制造的 900 万块 CdTe 光伏模块，总投资 25 亿美元。

（6）沙漠阳光光伏电站（Desert Sunlight Solar Farm）

沙漠阳光光伏电站位于美国加利福尼亚州沙漠中心莫哈韦沙漠（Mojave desert），装机容量 550MW（AC），占地 16km²，年发电量 1287GW•h。2013 年Ⅰ期建成 300MW 电站，2015 年 1 月最终建成 550MW 电站。

同样地，该电站也是采用美国第一太阳能公司（First Solar）的薄膜技术制造的 880 万块 CdTe 光伏模块。

（7）黄河格尔木光伏电站（Huanghe Hyower Golmud Solar Park）

黄河格尔木光伏电站位于青海格尔木，装机容量 200MW。2009 年 8 月开始建造，2011 年 10 月 29 日建成。同期（2011 年）在格尔木建立了多个 20MW 太阳能产业园，在格尔木沙漠区光伏总量已经达 570MW。

（8）西班牙安达索尔（Andasol）电站

它坐落在西班牙南部希拉纳瓦达（Sierra Nevada）山脉附近的安达卢西亚（Andalusia）地区海拔 1100m 的半干旱高原上，占地约 8.5 万平方米，装机容量约为 480MW。该发电站一共安装了 60 万块抛面反射镜，每年每平方米能够聚集高达 2200kW·h 的太阳能电力，折合每平方米 502W。

这些抛面镜的焦点处有导热液体，当温度升高后液体产生蒸气，驱动附近的涡轮机发电，该电站生产的电力可以满足西班牙 20 万户家庭的需求，同时每年减少二氧化碳排放量 50 万吨。

该电站为保证日落后也有可靠的能量供给，将白天收集的多余太阳能存储在液体盐中，这些热能以熔盐的形式存储，可以用来将水加热生成蒸汽，以确保涡轮机直到深夜都能继续发电。其熔盐的储存热能可以让涡轮机在夜间满负荷运转长达 7.5h，保证了涡轮机的连续运转。

该电站另一个与众不同之处在于整座太阳能电站由 ABB 公司提供的软件控制，所产生的电能通过 ABB 电力变压器和变电站设备输入电网，是一个智能管控的太阳能电站。

（9）铜山光伏电站（Copper Mountain Solar Facility）

铜山电站位于美国内华达州博尔德城，装机容量 458MW，年发电量约 770GW·h。采用平板光伏电池板，共 775000 块，也是美国第一太阳能公司（First Solar）所生产的电池板。其一期于 2010 年 12 月建成，二期于 2013 年 1 月完成，三期于 2015 年年初完工，四期建造 97MW，2016 年年底全部完成，建造费用 1.41 亿美元。

（10）查拉恩卡光伏电站（Charanka Solar Park）

查拉恩卡电站位于印度帕坦行政区（Patan district）查拉恩卡村（Charanka village），装机容量可达 345MW，占地 2000hm²，在古吉拉特太阳公园内占有最大的面积。2010 年开始建造，2016 年 3 月完成。

其采用薄膜平板光伏技术，投资费用为 2.8 亿美元。

（11）塞斯塔光伏电站（Cestas Solar Farm）

塞斯塔电站位于法国塞斯塔村，装机容量 300MW，由 25 片 12MW 的区域组成，占地 250hm²，年发电量 380GW·h，是欧洲最大的光伏电站。2015 年 10 月建成。

（12）阿瓜克莱恩特太阳能项目（Agua Caliente Solar Project）

阿瓜克莱恩特太阳能项目，位于美国亚利桑那州尤马县（Yuma County），装机容量 290MW，占地 971hm²，年发电量 626GW·h。仍然采用第一太阳能公司（First Solar）薄膜技术生产的 CdTe 光伏电池块，总计 520 万个光伏模块。2011 年开始建造，2014 年 4 月建成，投资费用 18 亿美元。

（13）摩洛哥瓦尔扎扎特-努尔太阳能发电站（Ouarzazate Solar Farm）

该电站首期工程位于摩洛哥东南部沙漠地带，装机容量 160MW，占地面积 480hm²。它坐落在阿特拉斯山脚下，距离摩洛哥城市瓦尔札札特 10km，这里的日照时间长达每年 330 天，是建设太阳能发电站的理想位置。即使在太阳下山后，该电站仍能持续生产，白天获取的热量被储存在一种特殊的熔融盐中，太阳下山 3h 后，发电站仍然能生产能源。首期工程于 2016 年投入使用，投资约 7 亿欧元。

（14）阿联酋太阳一号电站

刚刚落成于阿联酋首都阿布扎比，占地 2.5km²，将为 2 万户家庭供电，投资 6 亿美元。

太阳一号太阳能电站采用了先进的抛光槽技术，使用 25.8 万个复合抛物面反射镜将阳光聚集到填充了具有高热传导功能的油的管子里，由此产生蒸汽带动汽轮机发电。

（15）埃及本班（Benban）太阳能电站

该电站占地 37km²，计划发电能力为 1600～2000MW。

从以上介绍可看到，利用太阳能发电已成为全球不可阻挡的发展趋势，而且太阳能发电已开始大举进军城市，例如，最新建立的苹果公司办公大楼，全部采用太阳能电池供电，成为全球最大的屋顶电站，如图 9-3 所示。

图 9-3　苹果办公楼屋顶太阳能电站[3]

以上为世界上较大的太阳能电站情况，随着太阳能电池技术的发展，将会有更多、更大的太阳能电站出现。并且，随着太阳能电池产业的发展，欧洲的太阳能用量渐渐饱和，中国和印度将成为后起之秀。

除了中国，在太阳能资源方面，印度也有着得天独厚的优势，作为南亚地区最大的国家，印度拥有 297 万平方公里的热带和亚热带土地，在世界前 20 位经济体中平均日照量排名第一，因此其太阳能资源十分丰富。特别是拉贾斯坦邦有着广袤的沙漠地带，并且常年日照充足，平均每年有 250～300 个晴天，专家预计：印度每年来自地面太阳能的发电量可达 50000000 亿千瓦·时。而且在国家政策方面，印度政府对外宣布其能源计划是预计到 2022 年，可再生能源发电总量将达 175GW，其中太阳能发电装机总容量为 100GW。这一容量可以满足印度 6000 万户家庭的电力需求，并会逐渐改变印度整个国家的能源结构。

二、中国太阳能电站总量和分布

（一）中国太阳能光伏产业发展

中国太阳能电站和光伏产业的发展经过了几次起伏波折，早期由于国家政策支持，对光伏产业的补贴，因成本优势让国内光伏产品不断扩张产能，并迅速占领国内外市场。然而，2012年欧美国家相继出台光伏"双反"政策，制约了中国太阳能板的出口，导致盲目扩张的中国光伏企业受到重挫，半数以上企业停产或半停产，甚至很多骨干企业面临破产，并倒闭了一大批辅助企业，例如：太阳能玻璃厂、太阳能板组件厂等。十八大以后，国家更加重视节能低碳产业和新能源、可再生能源以及确保国家能源安全的政策下，中国光伏产业重新崛起，以技术创新为代表的新一轮光伏产业重新振兴和蓬勃发展起来。

2013年，中国光伏的国内装机容量开始超过德国，成为全球第一。到2017年，中国连续5年太阳能电池装机容量占全球首位。到2016年全球光伏累计装机量303GW，而中国的光伏装机容量就有78GW，占全球总量的25.7%。2017年全年，中国光伏新增装机容量高达53.06GW，同比增长了53.62%。随着分布式光伏的广泛应用，光伏装机容量在逐步增加。

随着太阳能光伏产业的发展和不断创新，太阳能电站开始走向综合型立体式模式，即光伏电站和其他产业结合，建立综合型立体式太阳能光伏电站。例如：光伏和旅游结合、光伏和科普结合、光伏和教育结合，这些新的模式打开了光伏产业的新前景。

2017年8月，山西省大同市正式落成全球首座熊猫电站就是这一模式的样板（图9-4）。熊猫电站所采用的30多项技术和科技创新中有8项创新为行业内首创。电站装机容量100MW，总面积248英亩（1英亩=4047m^2），25年可提供32亿千瓦·时电力，相当于节省105.5万吨煤，减少二氧化碳排放量274万吨。熊猫电站由黑白两种颜色组成，黑色部分由单晶体硅太阳能电池组成，由西安隆基旗下乐叶光伏提供，白色部分由薄膜太阳能电池组成，由美国第一太阳能（First Solar）公司提供[2]。

近年来，光伏产业在节能减排、清洁利用等方面显示出其优越性，并在全国各地迅速推广和普及，像村级电站、农户光伏、水库光伏、渔光互补、农光互补、滩涂分布式光伏等新型光伏产业，如雨后春笋，遍及全国（图9-5）。

这些使中国从最初的简单引进设备，加工出口，依靠进口多晶硅原材料，制造装备和主要依靠国外市场的行业，成为多晶硅产量居世界第一，自给率超过50%，光伏制造装备90%国产化的国家。目前，中国在光伏制造技术上已经超越了世界上不少发达国家。并且，中国硅片的出口开始向全球各国输送，包括印度、巴西、巴基斯坦、墨西哥、马来西亚、泰国、越南等，每年太阳能光伏产业

图 9-4　熊猫太阳能电站[4]

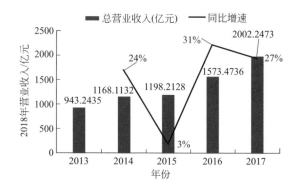

图 9-5　中国光伏年度装机容量发展趋势[5]

为国家创造的外汇近 200 亿美元。

（二）中国太阳能电站分布和装机容量

中国的太阳能电站遍布全国，由于地理原因，大型的太阳能电站主要分布在西部地区，例如：新疆的格尔木、甘肃等地。太阳能电站分布和太阳能密度分布有关，西部高原地区太阳能能量密度最大[6]。

从公开的资料可以看到，2018 年中国光伏电站投资 20 强企业排名，从中可了解到中国的太阳能电站装机容量和太阳能电站的情况（表 9-1）。

表 9-1　2018 年中国光伏电站投资企业 20 强[5]

排名	公司名称	全球并网装机量/MW
1	国家电力投资集团公司	4540.4
2	协鑫新能源控股有限公司	2484
3	中广核太阳能开发有限公司	1221
4	东旭蓝天新能源股份有限公司	1006
5	中民新能投资有限公司	980
6	青岛昌日电太阳能科技股份有限公司	923

排名	公司名称	全球并网装机量/MW
7	中节能太阳能股份有限公司	903
8	中国华能集团有限公司	860.85
9	北控清洁能源集团	838
10	力诺电力集团	810
11	熊猫绿色能源集团公司	747.9
12	中国大唐集团公司	705.7
13	江山控股有限公司	669.3
14	浙江正泰新能源开发有限公司	540
15	通威太阳能有限公司	487
16	苏州腾辉光伏技术有限公司	450
17	东方日升新能源股份有限公司	437
18	特变电工新疆新能源股份有限公司	370
19	中国三峡新能源有限公司	350
20	天合光能股份有限公司	330

除表 9-1 所显示的太阳能电站投资公司和前面已介绍的中国部分巨型的太阳能电站外，据报道，还有青海省海西蒙古族藏族自治州人民政府与中国科技发展集团有限公司、青海新能源（集团）有限公司已经签署了关于在青海柴达木盆地投资建设吉瓦（GW）级大型并网太阳能电站的合作协议书。该太阳能电站规划总装机容量为 1GW，总面积 25.66 万平方公里，将成为全球数一数二的太阳能电站。

随着太阳能发电的普及，目前民用的屋顶太阳能发电装置也如火如荼地发展起来，其用量正日益快速增加。

第二节　太阳能电站的运行和维护

太阳能电站的运行按设计都是 25 年，由于每个太阳能电站建设的投入巨大，动辄上亿，属于重资产，因此太阳能电站的运行和维护极为重要，它是保证太阳能电站正常运转的关键，对太阳能电站前期的投资回收和收益至关重要。

一、太阳能电站运行的准备

首先，太阳能电站建设完成后，开始运行前，必须完成工程移交，太阳能电站建设方移交给运行方的资料要完整，主要包括以下几点。

① 建设资料：如土地批复、环评批复、接入批复等文件；

② 技术资料：电站设计图纸、运行设备技术资料、项目完成验收文件等；

③ 财务文件：招投标文件、设备与材料购买合同、各类费用支出等。

所有资料必须合法、完整、有效，保证对电站的整体质量进行检测和评估时，资料具有印证和依据。

二、太阳能电站的运行

太阳能电站的运行是指其正常生产输出电力的正常状态，包括各种制度的执行，即：生产运行制度、安全管理制度、应急消防制度、设备运行规程等。

1. 生产运行制度

为保证电站的正常生产，必须进行太阳能电池场的巡检，包括定期巡检和特殊情况下巡检，以便及时掌握电站的运行状态，发现已经存在的或潜在的问题，确保正常发电。

2. 安全管理制度

安全管理是保证太阳能电站运行的前提，包括合理使用安全工器具和安全操作规范，以保障人身安全和设备安全等。所有的上岗工作人员都必须接受上岗培训，对于高压电气部分，还需要有高压作业进网许可证方可持证上岗。

三、太阳能电站运行中的故障和处理

太阳能电站运行中，因设备、天气及其他不可抗力等因素，无论直流侧或交流侧均会产生故障。例如：直流侧（组件、汇流箱、逆变器、直流电缆等）出现的故障，或交流侧（交流电缆、箱变、土建和升压站）等方面的故障，都会影响生产的正常运行。经过太阳能电站的运行观察发现，直流侧故障频次占总故障比例在90％左右。一般地，太阳能电站全年因故障带来的发电量损失在0.18％～0.85％。

因太阳能电站全部是在线监测，所以，所有的故障都可以在后台监控实时运行状态时看到，因此可以进行及时维护。在所有故障中，直流侧方阵组串对发电量影响很大，故障不容易被发现，是影响发电量的主要因素，这个比例约占所有故障的75％，因此是运行中重点需要关注的。

太阳能电池组件出现的主要问题是组件松动、热斑失效、玻璃破裂、接线盒二极管失效等，这些都需要现场巡视才可及时发现，所以现场巡视也是保证太阳能电站运行的重要环节。

四、太阳能电站运行系统的智能化

目前太阳能电站由于规模大，其运行管理都是采用智能监测系统。这一系统具有数据采集与分析（气象数据、发电量统计、PR分析、设备运行）、组串故障定位、告警中心、缺陷管理、自动化报表管理等功能。其中，数据采集与分析是营维系统的核心，采集和分析的数据包括以下内容：汇流箱数据（组串电流、电压值）、逆变器数据（实时电压、发电量、实时功率值等）、箱变、高压侧、并网点等关键点的实时数据等。这些实时数据为电站的高效运营提供了基础，是非常有效的技术手段。但仍然存在系统盲点，例如：设备接线端温度，目前还无法实时监测，如果持续高温，将带来安全隐患。在实际运行中，都是人工通过红外热像仪对光伏区和升压站的设备端子进行红外扫描，监测温度异常点，以便消除隐患。

第三节　太阳能电池板表面的维护

如前所述，太阳能电站正常运行中，太阳能组件对发电量的影响最大。而太阳能电池输出电量多少的决定因素是太阳能电池吸收太阳能的量，所以太阳能电池面板的透光量很重要。因此，太阳能电池板表面的清洁度对发电量的影响最大。那么，我们来看玻璃表面清洁度影响的污染物有哪些。

一、太阳能电池板表面的污染物类型和对发电量的影响

灰尘：灰尘常指粒径小于 0.5mm 的硅酸盐无机小微粒，在沙漠地带，灰尘也指颗粒较大的沙石。经过长期观察表明，在太阳能电池板的使用中，这些灰尘是影响太阳能电池发电效率的最大因素。在陆地、高山和干燥的沙漠地带，太阳能电站发电量受到灰尘的影响巨大。一般在平原或丘陵地区，降雨较多，每年因灰尘沉积对太阳能电池发电量的影响不大，损失电量大约为 20%。而在干燥的高原或沙漠地区，由于天气常年干燥，灰尘可使太阳能电池的发电量损失 30%～60%，最高的达到 60% 以上。在不同的地区，灰尘的影响不同，据大量的文献报道：在美国一般最高的 30%～40%，在欧洲约为 20%，在沙特阿拉伯，有的地方高达 60%～80%，甚至 90%。在我国，太阳能电站大多数建立在西部地区，例如：西藏自治区、青海省、甘肃省，很多太阳能电站都是建立在干燥的沙漠地区，常年干旱少雨，灰尘对太阳能电池发电量的影响最高可达 90%。因此，维护太阳能电池组件的表面清洁，保证高效稳定的发电量成为太阳能电池发电站的巨大负担，其消耗的人工成本和用水成本都是巨大的。

油污：油污指在有工业排放的地区，空气中飘浮的未分解的有机物，这些有机物落在太阳能电池板上，易于粘在玻璃表面，用简易的水冲洗法根本不能清除，这种属于污垢型污染物。

碎屑：碎屑指环境中的其他物质粉末或小块物质，例如杂草、庄稼、塑料、纸张、鸟粪等的细小块物体，在风或雨的卷带下落在太阳能电池板上的污染物。

重垢：指油污和灰尘、碎屑混合物，在太阳能电池板上难以清除的污染物。

二、太阳能电池板的维护

太阳能电池板的发电效率和太阳能电池板接受阳光的透光量有关，一般灰尘和其他污染物将影响太阳能电池的吸光量，直接影响太阳能电站的发电量输出。在干燥和沙漠地带，灰尘的影响最高达 60%～90%。因此，为了保证太阳能电池板的发电量和维持稳定的电量输出，必须保持太阳能电池板表面的清洁，所以，清洗太阳能电池板成为维护太阳能电站的常规工作（图 9-6～图 9-10）。

图 9-6　太阳能电站现场

图 9-7　太阳能电池现场灰尘实际情况

图 9-8　太阳能电池表面人工清洗

图 9-9　太阳能电池表面机器清洗

图 9-10　太阳能电池清洗前后对比

为了使太阳能电池最大程度地接收到最强的太阳光和最有效地利用太阳能，

太阳能电站一般建立安装在毫无遮挡的空旷地带。太阳能电池板在运行中全部暴露于阳光下，承受大自然的风吹雨淋，也接受了大自然带来的灰土尘埃。近年来由于屋顶分布式太阳能发电站的高速发展，很多太阳能电站就建在工厂的屋顶。因此，在这些地方，太阳能电池板也接受着工业区产生的、空气中的有机物的污染，所以，太阳能电池板的清洁成为太阳能电站运营维护的重要一环。

我们知道，玻璃为硅酸盐材料，一般的太阳能玻璃都是硅酸钠钙玻璃，硅酸盐属于无机极性材料。灰尘的组成主要是沙石、尘土、藻类等，基本上也是硅酸盐材料。在灰尘落到太阳能板表面时，根据相似共溶原则，这些极性无机材料之间易于互相吸附，包括物理吸附和化学吸附。因此，太阳能玻璃易于吸附灰尘，并且难于清除。太阳能电站运行的实际情况是，清洗太阳能电池组件玻璃表面时，除了用水清洗，必须施以其他强力手段才能把太阳能玻璃表面的灰尘清理干净。特别是沙漠地区，灰尘落在太阳能电池表面，由于夏季高温有的灰尘还容易部分固化在玻璃上，使清洁更难。所以，太阳能电池板的清洁是一项具有技术含量的工作。下面是关于太阳能电池板表面的清洗程序和方法。

1. 现场分析

清洗前必须查看待清洗现场电池板的污染情况，根据污染程度和污染类型决定清洗方案。一般现场有两种情况，一是轻度污染，太阳能电池板表面没有颗粒物，只有灰尘，这种情况只需单独进行冲洗或者刷洗作业即可，这样不仅节约、节省人力物力，同时也可尽量减少电池板表面的磨损，使其保持一定光亮度，增加太阳能电池板的使用年限。

2. 冲洗、 刷洗

对于表面具有重度污染的太阳能板，例如：表面有颗粒物、油污或碎屑等污染物，则需要深度清洗。清洗方式需要根据具体情况实施，只有灰尘的，冲洗掉颗粒物后再刷洗。如果有油污，则需要使用清洗剂，但对于有一定黏度或者是由于化学反应而产生污染物的情况，则需要使用酸或碱等进行特殊处理。例如：工厂附近太阳能板的油污，需要用重垢清洗剂，而沙漠地带由于沙石在高温下，热熔或吸附在太阳能板的玻璃表面，则需要用酸或碱液进行清洗。

3. 过水清洗

最后，为保证太阳能电池板表面彻底清洁，需要清水冲洗，一是保证冲刷过程中清洗下来的微小尘埃、颗粒以及一些其他杂物彻底用水冲离电池板表面，二是保证太阳能板表面没有酸碱或其他腐蚀性物体残留继续腐蚀太阳能板表面。

三、太阳能电站的清洗成本

1. 人工清洗成本

目前一般太阳能电站对太阳能电池板的清洗，有两种方法，人工清洗基本是用半自动的工具清洗，如果按达到清洗标准要求计算，熟练的清洗工人每小时最多也只能清洗 $20 \sim 40\text{m}^2$。按这个标准计算：1MW 的太阳能电池板大约 7000m^2，由 2 个熟练清洗工人每个月工作 25 天，每天工作 8h，正好清洗完。如果每人每月工资 3000 元，2 人 6000 元，每小时用水 10m^3，总共用水 2000t，计 3500 元，每年一般的太阳能板清洗一次，则每年清洗 1m^2 太阳能电池板的人工费为 0.8 元，加上水费约 0.45 元（按 0.3t 水计算，水价 1.5 元/t，因地区水价不同），则每年每平方米太阳能电池板的清洁费为 1.25 元，一个中型太阳能发电站，按 300MW 计算，清洗维护费大约 281 万元，这是最少的，还不包括洗涤剂和设备费用。

2. 机器清洗成本

一套标准清洗设备可清洗 $400 \sim 600\text{m}^2$，$1 \sim 2$ 人操作，则 1MW 太阳能电池板清洗时间大约 15h。人工 500 元，水电费大约 1000 元，设备折旧 2500 元，1MW 费用为 4000 元，每平方米清洗费 0.53 元。300MW 太阳能电站一次清洗费为 120 万元，这也是最少的，还不包括洗涤剂和设备保养维护费用。

四、太阳能电站清洗对环境的影响

前面谈到太阳能电站的清洗，其实，太阳能电池板的清洗对太阳能电池本身的寿命和环境都有负面的影响。

对太阳能电池的影响包括清洗过程中，水可能浸透到太阳能电池内部或流到电路板上，存在短路隐患。

对环境的影响有，如果不用洗涤剂或酸碱，对环境无影响。如果使用洗涤剂和酸碱或重垢清洗剂，则对环境所造成的危害与化学品对环境的影响一样，例如：腐蚀土壤、污染水源、伤害人畜等。

第四节　太阳能电站减反射膜的实施和效果案例

一、灰尘的危害

前面我们已对太阳能电池板表面可能的污染物进行了分类介绍，污染物中，灰尘是最常见和对太阳能电池板发电效率影响最大的。

第一，太阳能电池板上的灰尘遮蔽了到达光伏组件的光线，使太阳能电池光伏组件的光通量下降，直接导致发电量减少。第二，灰尘的主要成分是硅酸盐以及其他无机材料。因此一些酸碱性较强的灰尘将会侵蚀电池板表面玻璃，从而降低太阳能电池面板玻璃的透过率，影响太阳能电池寿命。第三，灰尘的覆盖影响太阳能电池光伏组件表面散热，导致光电转换效率降低。因为温度升高，太阳能效率下降。第四，灰尘在高温情况下，可能和太阳能电池表面玻璃进行化学反应，生成固化物，增加太阳能电池的清洗难度，同时减小太阳能电池光伏组件的发电量。

总而言之，灰尘也好，太阳能电池表面任何污染物也好，都会影响太阳能电池光伏组件的发电效率，因此，保持太阳能电池光伏组件表面清洁，减少清洁太阳能电池表面对面板玻璃透过率的影响，保护太阳能电池表面不受雨水、酸碱外来物质的侵蚀，降低太阳能电池维护保养成本，一直是太阳能电站的需求。

二、太阳能电站减反射膜实施案例

笔者根据太阳能电站实际情况，采用纳米技术合成和制备了水性防灰尘减反射涂料，并实施了对太阳能电池光伏组件表面的防灰减反射膜涂层处理。实施过程如下所述。

在太阳能电站现场，首先考察太阳能电池光伏组件的地理位置和污染情况，在电站方面选择采石场附近的光伏组件后，可以确定光伏组件表面仅有采石场飘来的灰尘，并无油垢污染。确认太阳能光伏组件表面情况后，只使用自来水，对太阳能电池光伏组件面板表面进行了人工清洗，在基本达到涂膜清洁要求后，通过刮涂法，在太阳能电池光伏组件面板玻璃表面实施涂膜。由于使用中的太阳能电池光伏组件本身具有一定温度，无需加热，直接自然干燥后，在太阳能电池板表面获得了一层具有防水防灰功能的减反射纳米厚度致密膜。由于是反应性涂料，这层膜为永久性功能膜，除了具有减反射效果，涂层表面还具有防灰的功能，经过测试，其亲水角大于90°，具有荷叶效应。

为了检验减反射膜的效果，在太阳能电站现场，通过半个月、一个月、两个月，不同时间分段，渐进式地进行了观察、采集现场数据和证据，分析和观察了减反射膜的防灰效果，研究了减反射膜对太阳能电池发电量的影响和对太阳能电池板自清洁效果的影响，获得了第一手资料（图9-11）。

项目的具体实施过程如下所述。

图9-11　笔者在太阳能电站现场
（摄于广东阳江鑫业太阳能电站）

① 项目名称：太阳能电站光伏组件表面防灰减反射膜技术试验。

② 实施地点：广东省阳江市阳东区110V鑫业光伏发电站。

③ 现场情况：实施现场毗邻采石场，离采石现场直线距离大约50m，灰尘很大，属于比较典型的灰尘厚重地区，所选现场具有代表性。

④ 使用涂料：水性防灰减反射涂料（自制）。

⑤ 实施天气：晴天，温度为31℃，气压为常压，风力2级。

⑥ 清洗要求：在涂减反射膜之前，太阳能电池板表面玻璃的清洗极为重要，现场玻璃的清洗也必须按镀膜玻璃的清洗标准要求，否则，玻璃表面不干净将影响涂膜的质量，进而影响减反射膜的自清洁能力和减反射效果以及膜寿命。镀膜玻璃清洗标准可参考附录。

⑦ 实施方法：a. 选两组技术参数和地理位置及其他相关参数基本一致的太阳能电池光伏组件作为平行对照组，确定作为试验观察现场。b. 将太阳能电池光伏组件用自来水进行清洗，要求两组光伏组件的清洗条件、实施方法等完全相同。在用水冲刷后，使用干净海绵将表面灰尘擦洗干净，直到用干净海绵拭擦后无灰尘痕迹时确认清洗合格，自然风干。c. 将水性减反射涂料进行涂覆，刮涂、喷涂都可，采用刮涂法涂膜，自然干燥，1h涂层完全固化后，开始采集数据。

⑧ 数据采集：数据采集方法有以下三种。

第一种是选一组两个辐照和技术参数条件完全相同的太阳能电池组件。a. 其中每个组件由24片太阳能电池组成，每片太阳能电池面积约为1.6m²，每片太阳能电池每年发电量约为275kW·h。b. 将两个太阳能组件用自来水清洗干净后，一个太阳能电池组件按上述方法涂上减反射涂料，另一个太阳能电池组件作为平行对照组不涂减反射涂料（所谓空白对照组）。c. 每天在上午9：30～10：30区间内，每隔8min，取电站实时监测数据共16组，进行对比分析。这一方法的结果可以作为某段时间的对比数据，但可能存在局部数据漂移，但长期监测对比还是比较稳定的。

第二种是选一区块太阳能电池组件涂膜，大约800～2000m²，选当年同一时间段进行实时监测，与前一年同时期该区块太阳能电池组件的累积发电量进行数据对比分析。这一数据的结果可能存在的问题是每年的气候情况不一样，可能出现误差。

第三种是选两排太阳能辐照条件和组件技术参数完全一样的平行太阳能电池组件，对一定时期的累积发电量进行数据对比分析。这种数据在三种方法中最为可靠，误差较小。

⑨ 证据采纳：在太阳能电池组件涂覆减反射膜后，每周对现场同一对照组太阳能电池板表面的积灰情况进行拍照，或在雨后和人工冲洗后也进行拍照，留档，以便对观察结果进行直观分析。

三、防灰效果和提高发电量数据分析

（一）防灰效果

减反射膜对太阳能板的防灰效果直接可以从太阳能板的灰尘状态看到，图9-12～图9-14分别是两周内（无雨周期内）和两周下雨后减反射膜太阳能电池板的状态。

(a) 未涂层　　　　　　　　　　　　(b) 有涂层

图 9-12　一周后有涂层与未涂层太阳能电池组件外观对比

(a) 未涂层　　　　　　　　　　　　(b) 有涂层

图 9-13　两周后有涂层与未涂层太阳能电池组件外观对比

(a) 未涂层　　　　　　　　　　　　(b) 有涂层

图 9-14　两周后，下雨后有涂层与未涂层太阳能电池组件外观对比

　　从图 9-12 可看到：在经过清洗和涂减反射膜一周后，太阳能光伏组件玻璃表面已沉积很多灰尘，没有涂减反射膜的太阳能电池玻璃表面灰尘厚度大，灰尘密集落在玻璃表面，而涂膜太阳能电池玻璃表面有很多灰尘小颗粒，每一个颗粒是独立地悬浮在玻璃表面。

从图 9-13 可看到：两周后，空白太阳能电池板的灰尘更加致密，形成花斑状灰尘沉积层，而减反射膜表面，仍然为灰尘颗粒独立地悬浮在太阳能板表面，只是灰尘更多了。

从图 9-14 可看到：下雨之后，经过雨水冲刷，没有减反射膜的太阳能电池玻璃表面大多数灰尘被冲洗掉了，但表面仍有少量的灰尘，都沉积在玻璃的压花凹处，冲洗得不彻底，太阳能玻璃透过率受到一定影响，表面灰尘需要进一步清洗才能达到干净无尘。而有减反射膜的太阳能电池表面，经过雨水冲刷后，表面无灰尘，看起来表面更干净，和人工清洗后的一样。

以上直接观测结果表明：防灰减反射膜具有防灰功能，可以将灰尘与玻璃隔离，使灰尘不能吸附或黏附于太阳能玻璃表面，仅仅是悬浮于太阳能玻璃表面。因此，在雨水冲刷下可以被雨水全部冲刷掉，或被定向气流吹走，这种减反射膜可以在自然环境中具有自清洁的效果，也可以用风筒将灰尘吹走，免去或减少用于清洗太阳能电池板冲刷所用的水，降低太阳能电站的维护成本，为那些缺水地区带来福音。

（二）太阳能发电量提高的数据分析

减反射膜对太阳能电池的影响，除了防灰的自清洁效果可以直观看到之外，重要的是需要有对太阳能电池发电量影响的具体数据，以便说明为太阳能电池光伏组件带来的效果，下面是三种数据采集方法获得的数据分析。

1. 第一种数据采集方法结果

在平行对照的两个太阳能电池组件中，其光照角度和其他物理参数完全一样，由于两个组件为一个并联，所以两个太阳能电池组件的输入电压是一样的，输入电流根据受光照辐射量的大小而变化。如果一个太阳能电池组件接受的吸光量大，其光电转换量大，发电量就大，其在实时监测器上显示的输入电流就大。当太阳能电池组件由光转换的电量不同时，每个太阳能电池组件的输入电流马上在实时监测屏幕上显示出现。通过比较两组太阳能电池组件的输入电流变化，即与未涂减反射膜的空白对照组太阳能电池光伏组件平行对比，可以判断减反射膜对太阳能电池光伏组件发电量的影响。

实时监测状态如图 9-15 所示。选定光伏组件 PV5 和 PV6 为对照组，其中，PV5 的组件涂有减反射膜，PV6 为空白对照组。图 9-16 是随时间增长，两个平行对比组件的数据变化。数据处理方法为：

① 在每天固定时间内取 16 组数据的输入电流统计平均值作为当天的电流值。比较两个光伏组件输入电流变化，获得图 9-16。

从图 9-16 可看到：a. 有减反射涂层的太阳能电池组件 PV5 的输入电流（——）始终大于空白对照（未涂减反射膜）的太阳能电池组件 PV6 的输入电流（----）。b. 随着时间延长，有减反射膜的太阳能电池组件 PV5 的输入电流维持

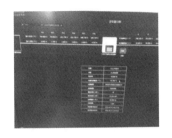

图 9-15　PV5 有涂层与 PV6 无涂层太阳能电池实时监测状态

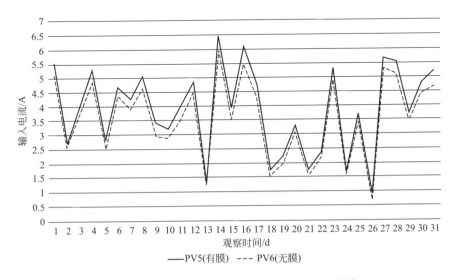

图 9-16　PV5 和 PV6 输入电流随使用时间的变化

稳定，而空白对照组 PV6 的输入电流在渐渐下降。这个结果表明：随着时间延长，太阳能板表面的灰尘逐渐增多，没有减反射膜的组件表面灰尘致密，影响了组件的透过量，面板透过率下降，发电量减少，所以输入电流减小。而有减反射膜的组件，由于灰尘悬浮在玻璃表面，使太阳能电池组件受灰尘的影响很小，随时间的延长，灰尘对透过率影响变化不大，并渐渐地趋于稳定，因此体现出时间越久，减反射膜的效果越明显。后面的两种测试方法也能看到这种效果。

②计算每天减反射膜组件相对于无膜空白对照组组件增加的电流百分比统计值变化，获得图 9-17，观察曲线变化，比较两个太阳能电池组件的效率变化。

从图 9-17 可以看到：a. 随着时间延长，从起始到每个下雨清洗干净的时间段内，有减反射涂层的太阳能电池组件输入电流增加百分数逐渐增大。下雨或清洗后，输入电流增加率急剧下降，随时间延长输入电流增加的百分数再次渐渐提高。这个结果表明：具有减反射涂层的太阳能电池组件，不仅提高了太阳能电池组件的发电量，而且具有维持发电量稳定的功能。b. 随着时间延长，减反射涂

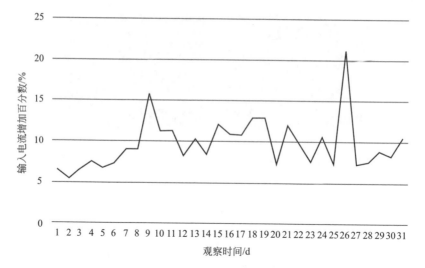

图 9-17　减反射膜太阳能电池组件比空白对照组
输入电流增加的百分数曲线

层提高太阳能电池发电量的差值渐渐增加，这是因为减反射涂层有自清洁的效果，保证了太阳能电池组件表面透过率的稳定性，而空白对照组的发电量随时间延长，灰尘越积越厚，发电量渐渐减少，明显显示出减反射膜太阳能电池组件比空白对照组太阳能电池组件的输入电流百分数增加。c. 下雨后的时间段，因为雨水把有减反射膜的太阳能电池组件清洗得更干净，空白太阳能电池组件表面有灰尘残留，输入电流的增加百分数高于刚刚使用时减反射膜的输入电流的增加百分数。随着时间延长，每次冲洗开始发电量的增加百分数又开始循环提高，减反射膜的效果渐渐变大。如果长期干旱无雨，随时间延长，灰尘渐渐增大，防灰减反射膜提高效率更明显。这个结果显示：减反射膜有良好的防灰自清洁效果，这种减反射膜适合干旱多尘地区的太阳能电站，可以使太阳能电池组件的发电量更稳定。

2. 第二种数据采集方法数据结果和分析（一定时间段累积发电量比较）

表 9-2 为 29 天 03#47 组太阳能电池组件的累计发电量，一组是 2017 年截至 3 月 24 日 29 天的累积发电量，另一组是 2018 年 3 月 24 日 29 天的累计发电量，相同时间，相同时间段，太阳能电池组件的累计发电量比较，涂减反射膜后，太阳能电池组件的累积发电量比没有涂膜前的同期，增加了 6.966%。为进一步确认效果，取 2018 年 10 月 1~26 日的累积发电量和 2017 年 10 月 1~26 日的同期比较，涂减反射膜的太阳能电池组件累积发电量明显增加。

3. 第三种数据采集方法数据结果和分析

为更进一步准确测试减反射膜效果，对方阵中的 25N、26N 逆变器（两台逆变器所处环境相近、发电柱状图相近）进行了多组对比试验，通过对太阳能电池组件清洗前后的发电效率对比、清洗与涂减反射膜（清洗过的）的发电效率对比，以及瞬时电流对比，获得减反射膜对提高太阳能电池组件的影响。其试验数据见表 9-3～表 9-6。

表 9-2　2017 年和 2018 年同期累积发电量比较

逆变器名称	2017 年总发电量/kW·h	2018 年总发电量/kW·h
03#47 组串式逆变器	191.20	145.61
03#47 组串式逆变器	57.86	67.53
03#47 组串式逆变器	35.96	107.90
03#47 组串式逆变器	32.06	94.47
03#47 组串式逆变器	107.92	122.69
03#47 组串式逆变器	102.19	115.67
03#47 组串式逆变器	88.47	171.13
03#47 组串式逆变器	56.83	153.69
03#47 组串式逆变器	240.12	152.53
03#47 组串式逆变器	225.63	148.50
03#47 组串式逆变器	191.81	167.87
03#47 组串式逆变器	187.31	176.03
03#47 组串式逆变器	113.03	159.03
03#47 组串式逆变器	53.25	70.82
03#47 组串式逆变器	131.66	57.01
03#47 组串式逆变器	160.90	223.06
03#47 组串式逆变器	124.57	169.80
03#47 组串式逆变器	47.40	168.27
03#47 组串式逆变器	48.19	119.09
03#47 组串式逆变器	37.89	78.30
03#47 组串式逆变器	22.24	103.09
03#47 组串式逆变器	79.55	92.76
03#47 组串式逆变器	59.08	103.28
03#47 组串式逆变器	190.23	31.72
03#47 组串式逆变器	198.83	144.69
03#47 组串式逆变器	167.56	129.28
03#47 组串式逆变器	148.80	61.56
03#47 组串式逆变器	112.04	113.72
03#47 组串式逆变器	79.91	72.75
	合计 3292.49	合计 3521.84

（1）清洗效果对比

表 9-3　太阳能电池组件 25N 清洗前后发电量对比

清洗前 25N	实际发电/kW·h	151.84	66.74	120.22	117.33	139.61
	理论发电/kW·h	169.316	65.368	133.255	130.24	179.542
	发电效率/%	89.68	102.10	90.22	90.09	77.76
	平均效率/%	89.97				
清洗后 25N	实际发电/kW·h	124	171.56	94.24	188.52	36.92
	理论发电/kW·h	139.627	199.92	119.517	213.429	31.978
	发电效率/%	88.81	85.81	78.85	88.33	115.45
	平均效率/%	91.45				
清洗后较清洗前效率提升为 1.48%						

注：理论发电量为当日辐照量乘逆变器容量所得；实际电量为华为后台显示所得。

表 9-4　太阳能电池组件 26N 清洗前后发电量对比

清洗前 26N	实际发电/kW·h	134.09	119.16	58.93	103.58	123.31
	理论发电/kW·h	159.909	118.103	61.737	123.005	169.568
	发电效率/%	83.85	100.89	95.45	84.21	72.72
	平均效率/%	87.42				
清洗后 26N	实际发电/kW·h	110.08	152.53	83.64	99.09	32.88
	理论发电/kW·h	131.87	188.814	112.877	100.407	30.202
	发电效率/%	83.48	80.78	74.10	98.69	108.87
	平均效率/%	89.18				
清洗后较清洗前效率提升为 1.76%						

（2）涂减反射膜前后对比

表 9-5　太阳能电池组件涂减反射膜后发电量

涂膜后 25N[①]	实际发电/kW·h	191.81	49.56	126.92	162.24
	理论发电/kW·h	212.093	45.639	129.401	184.618
	发电效率/%	90.44	108.59	98.08	87.88
	平均效率/%	96.25			
与 25N 涂膜后同期的 26N[②]	实际发电/kW·h	169.23	44.77	112.44	143.71
	理论发电/kW·h	200.31	43.104	122.212	174.362
	发电效率/%	84.48	103.87	92.00	82.42
	平均效率/%	90.69			

① 涂减反射膜后较清洗后效率提升为 4.8%，较清洗前提升为 6.28%。

② 涂减反射膜后，25N 与同期清洗了未涂膜的 26N 相比效率提升 5.56%。

（3）瞬时电流对比

表 9-6　涂减反射膜后太阳能电池组件瞬时电流　　　　　单位：A

25N 瞬时值	3.8	4.98	2.9	7.98	3.425	3.08
26N 瞬时值	3.625	4.85	2.88	7.78	3.375	3.03
差值	0.175	0.13	0.03	0.2	0.05	0.05
均差	0.104					
提升率为 2.39%						

注：瞬时值皆为某一时刻 6 个子串太阳能电池组件中，除去最大值和最小值的平均值，且 25N 和 26N 取样时间为同一时刻。

以上数据为广东珠海兴业太阳能股份公司鑫业太阳能电站提供。

从试验结果可知，清洗对太阳能电池组件的影响不大，对发电效率的提升仅为 1.48%～1.76%。清洗后涂有减反射膜的太阳能电池组件，对清洗过的太阳能电池组件发电效率提升为 4.8%，与清洗前的太阳能电池组件比较提升了 6.28%。实验结果表明太阳能电池组件电流瞬时值提升了 2.39%。

（三）试验结果分析总结

以上三种试验方法获得的增透效果不同，其原因是第一种为对两个平行组件的观察对比，其提高发电量为 10% 左右。第二种方法是对一个逆变器一串太阳能电池组件的累计发电量平行对比，提高发电量 10% 左右，但是可能因气候变化存在误差。第三种方法为在大面积范围内的观察，仅为瞬时比较，提高发电量大于 6%，效果下降的原因可能是面积较大的情况下，太阳能电池板表面清洗不够干净，影响了太阳能玻璃透过率，进而影响发电量的增量。

另外，对比现场涂减反射膜太阳能电池组件，在太阳能玻璃生产线上涂膜的减反射膜玻璃组装的太阳能电池组件，经过 1000 天观察，与未涂减反射膜的太阳能电池组件比较，其透过率提高 2.5% 时，其累计发电量提高了 15%。

现场涂膜达不到这个预期效果的原因，有两种可能，一是太阳能玻璃表面清洁度不够，二是涂膜厚度控制不准确，影响了减反射膜的透过率。然而，涂有防灰减反射膜的太阳能电池组件，与空白组比较，其发电量稳定，随着时间延长，输入电流几乎不变，而空白组输入电流则渐渐下降，说明涂有防灰减反射膜的太阳能电池组件发电效果不受时间影响，空白组则渐渐下降，表明需要清洁处理维护。

（四）试验结论

上述试验数据和证据表明，防灰减反射膜具有以下几种效果。a. 不仅增加了太阳能光伏组件的发电量，还可以维持发电量的稳定性；b. 清洗容易，使用水量减少，甚至无需用水清洗，大大降低了太阳能光伏组件的维护成本；c. 防灰膜不仅省水，还消除了清洗对环境的污染；d. 减反射膜的防灰防水特性保持太阳能电池组件表面的干燥，减少了酸、碱、盐、水对太阳能光伏组件表面的腐蚀，延长了太阳能光伏组件的寿命。

第五节　太阳能电站减反射膜实施
问题和解决方案

在对太阳能光伏组件进行涂覆减反射膜时，由于光伏组件已安装完成，处于运行中，所以，减反射膜的涂覆和生产线对太阳能玻璃的在线涂覆不一样。因此，涂覆工程是一个系统工程，有涂覆设备的问题也有涂覆条件的问题，所以，需要一一解决。

一、通过现场试验发现的问题

太阳能电池装机容量和太阳能电池板表面积的关系是，1MW 为 6000～7500m²，仅一个中型的 300MW 太阳能电站，太阳能电池板表面积为 180 万～225 万平方米。如果 1GW，将有 60 亿～75 亿平方米，中国目前有 165GW，相当于 9900 亿～12375 亿平方米，这将是一个海量的工作，因此，如果大规模对太阳能电池板表面进行涂膜，需要可以高精度、高效率、高速度的涂覆设备和工具。

1. 海量太阳能板清洗的质量保证

海量现场太阳能板的清洗，特别是太阳能电池组件边缘的清洗，特殊污染的清洗，是影响清洗质量和效率的。如果清洗后的太阳能板不能达到镀膜的清洁度，将影响：①减反射膜对太阳能玻璃透过率的增量，使镀膜效果无效或者不明显。②玻璃表面清洁度不够，镀膜后减反射膜的附着力、耐老化性能都不能达到预设的指标。因此，太阳能板的清洁是保证减反射膜效果和质量的先决条件。

2. 减反射膜的厚度控制

减反射膜是一种光学膜，对膜厚度和均匀性都有高精度的要求，特别是太阳能电池的减反射膜基本都是纳米厚度的活性反应膜，因此对涂膜设备的要求更高，涂膜设备必须保证膜厚精度和膜厚度均匀性。再加上在运行中的太阳能组件上涂膜，组件边框和组件所处的高度都影响涂膜的操作。涂膜厚度不仅影响减反射效果，如果厚度不合适，还将起到增反射作用，效果适得其反。

3. 清洗和涂膜的工作效率

在太阳能电站使用中的太阳能电池光伏组件，一是由每一个电池板组装在一起，每块板之间有框架，不能整块组件平推涂膜。二是太阳能电池光伏组件不是平放安装在地面而是根据安装地点的情况，具有不同的角度和高度，不易人工操作，所以清洗和涂膜效率都受到影响，这些都会提高实施的成本。

4. 运行中太阳能板的温度

太阳能电池光伏组件在运行中，太阳能板因发电产生热使太阳能板本身具有一定温度（高于环境温度），在涂膜时，对涂料和涂覆工艺有一定要求，所以，太阳能板温度是实施涂膜时必须考虑的因素，特别是夏季，基本处于高温状态。

5. 现场涂膜操作环境因素影响

环境因素是影响减反射膜涂膜操作和减反射膜质量的重要原因，例如：天气因素，风、雨、温度、气压、相对湿度等，镀膜操作条件也需要根据天气因素进行调整，所以，天气条件也是海量涂膜的一个重要参数。

以上问题表明：对于海量的太阳能板进行涂膜，需要综合考虑。

二、海量太阳能电池板涂膜的解决方案

1. 设备是关键

在海量太阳能电池光伏组件表面需要清洗和镀膜时，清洗设备和镀膜设备是关键，清洗可以使用机械和人工结合的方式，达到镀膜玻璃的清洁标准。但玻璃表面镀膜时，必须严格控制涂膜设备的操作，其镀膜精度取决于镀膜设备的标准化操作，因此，目前还没有一个理想的太阳能电池光伏组件的镀膜机，例如：给料精准的刮涂机或辊涂机，喷涂设备因边界问题可能对涂料存在一定的浪费。因此，首先需要解决的是现场镀膜设备，太阳能玻璃镀膜生产线的方式和设备不适合在太阳能电站现场使用。因此，研究开发一种适合太阳能组件的高质高效的设备问题，亟待解决。

2. 天气条件限制

天气条件决定了镀膜施工可否和操作条件，为安全和保证镀膜质量，一般选择无雨雪和大风的天气，根据环境温度和风力大小，可选择镀膜操作的速度和设备控制参数。

3. 减反射膜的保养

一般情况下，一次性减反射膜是反应性涂料，在涂料中分子与玻璃表面结合后不再被环境破坏，除非老化失效，本项目使用的减反射涂料涂膜后，减反射膜和太阳能电池光伏组件上的太阳能玻璃同等寿命，减反射膜表面的疏水疏灰效果，使落灰后的太阳能电池组件表面，只要水冲洗即可保持太阳能玻璃表面的清洁，或者在长久无雨的情况下，使用风筒吹去灰尘即可。对于油污性污染物，可以使用常规的玻璃清洗方法，即可维持太阳能玻璃表面的清洁。

总而言之，太阳能电池光伏组件表面减反射膜技术是一个发展中的技术，随着现代科学技术的发展，减反射膜的增透率会不断提高并趋向于极限，减反射膜的表面功能也会随着材料技术的进步和实际应用的要求，逐渐改变和提高，希望

太阳能减反射膜技术也如太阳能光伏事业一样，前途光明，蒸蒸日上！

参 考 文 献

［1］　参考消息，2017 年 6 月 12 日.

［2］　来自太空的视角：让人震惊的中国光伏！太阳能光伏发电，2018 年 4 月 28 日.

［3］　https：//36kr.com/p/5133065.html，视觉中国.

［4］　中国建首座熊猫电站，俯瞰为大熊猫形象，凤凰，2017 年 7 月 8 日.

［5］　2018-2023 年中国光伏发电行业市场调查及发展前景分析报告，中商情报网.

［6］　http：//www.ne21.com，新世纪能源网.

附录1

中华人民共和国建材行业标准：太阳能光伏组件用减反射膜玻璃（JC/T 2170—2013）

1 范围

本标准规定了太阳能光伏组件用减反射膜玻璃（以下简称减反射膜玻璃）的术语和定义、材料、要求、试验方法、检验规则以及标志、包装、运输和贮存等。

本标准适用于晶体硅太阳能光伏组件用单面减反射膜玻璃，其他太阳能光伏组件用减反射膜玻璃可参考本标准。

2 规范性引用文件

下列文件对于本文件的应用是必不可少的。凡是注日期的引用文件，仅注日期的版本适用于本文件。凡是不注日期的引用文件，其最新版本（包括所有的修改单）适用于本文件。

GB/T 1771—2007 色漆和清漆 耐中性盐雾性能的测定

GB/T 2828.1 计数抽样检验程序 第1部分：按接收质量限（AQL）检索的逐批检验抽样计划

GB/T 6739—2006 色漆和清漆 铅笔法测定漆膜硬度

GB/T 8170 数值修约规则与极限数值的表示和判定

GB/T 9056 金属直尺

GB/T 9266—2009 建筑涂料涂层耐洗刷性的测定

GB 15763.2—2005 建筑用安全玻璃 第2部分：钢化玻璃

GB 15763.3—2009 建筑用安全玻璃 第3部分：夹层玻璃

GB/T 22523 塞尺

GJB 150.12A—2009 军用装备实验室环境试验方法 第12部分：砂尘试验

JB/T 2369 读数显微镜

IEC 60068-2-78 环境试验 第2-78部分：试验—试验室：湿热、稳定状态（Environmental testing-Part 2-78：Tests-Test Cab：Damp heat，steady state）

IEC 61215—2005 地面用晶体硅光伏试样 设计鉴定和定型［Crystalline silicon terrestrial photovoltaic（PV）modules-Design qualification and type approval］

3 术语和定义

下列术语和定义适用于本文件。

3.1 太阳能光伏用减反射膜玻璃 Anti-reflective coated glass for photovoltaic modules

一种用于太阳能光伏组件的玻璃,其表面涂覆有具备在特定波段范围内增加太阳光透射比功能的膜层。

3.2 太阳光有效透射比 τ The effective solar transmittance

在(380~1100nm)太阳光谱范围内,透过样品的太阳光通量与入射太阳光通量的比值。

4 材料

减反射膜玻璃原材料可使用压花玻璃和浮法玻璃。

5 要求

5.1 减反射膜玻璃的要求及其试验方法应符合表1相应条款的规定。

表 1 减反射膜玻璃的要求及其试验方法

名称	要求	试验方法
尺寸及其允许偏差	5.2	6.1
外观质量	5.3	6.2
颜色均匀性	5.4	6.3
弯曲度	5.5	6.4
有效透射比	5.6	6.5
铅笔硬度	5.7	6.6
耐洗刷性能	5.8	6.7
耐酸性能	5.9	6.8
耐中性盐雾性能	5.10	6.9
耐热循环性能	5.11	.6.10
耐湿冻性能	5.12	6.11
耐湿热性能	5.13	6.12
耐紫外性能	5.14	6.13
耐砂尘性能	5.15.	6.14
抗冲击性能	5.16	6.15
碎片状态	5.17	6.16
霰弹袋冲击性能	5.18	6.17
耐热冲击性能	5.19	6.18

5.2 尺寸及其允许偏差

5.2.1 边长及其允许偏差

边长及其允许偏差应符合表 2 的规定。

表 2　边长及其允许偏差　　　　　　　　　　　单位：mm

边长	允许偏差
边长≤500	0～1
500＜边长≤1000	0～1.5
1000＜边长≤2000	0～2
边长＞2000	0～2.5

5.2.2　对角线允许偏差

对角线允许偏差应符合表 3 的规定。

表 3　对角线允许偏差　　　　　　　　　　　单位：mm

公称厚度	对角线差允许值		
	边长≤2000	2000＜边长≤3000	边长＞3000
2.8≤厚度≤6.0	±3.0	±4.0	±5.0

注：特殊规格及形状的玻璃对角线偏差由供需双方商定。

5.2.3　厚度允许偏差

厚度允许偏差应符合表 4 的规定。

表 4　厚度允许偏差　　　　　　　　　　　单位：mm

公称厚度	厚度允许偏差
2.8≤厚度＜4.0	±0.2
4.0	±0.2
5.0	±0.3
6.0	±0.4

注：特殊规格及形状的减反射膜玻璃厚度允许偏差由供需双方商定。

5.2.4　厚薄差

同一片玻璃的厚薄差应符合表 5 的规定。

表 5　厚薄差　　　　　　　　　　　单位：mm

公称厚度	厚薄差	
	浮法玻璃	压花玻璃
2.8～4.0	≤0.25	≤0.30
4.0	≤0.30	≤0.35

注：特殊规格及形状的玻璃厚薄差由供需双方商定。

5.3　外观质量

5.3.1　减反射膜压花玻璃外观质量应符合表 6 的要求。

表 6 减反射膜压花玻璃的外观质量

缺陷类型	说明	要求			
压痕、皱纹	—	不允许			
彩虹、霉变	—	不允许			
线条/线道	—	不允许			
裂纹	—	不允许			
不可擦除污物	—	不允许			
开口气泡	—	不允许			
圆形气泡	长度范围/mm	$L<0.5$	$0.5{\leq}L<1.0$	$1.0{\leq}L{\leq}2.0$	$L>2.0$
	允许个数/个	不得密集存在	5.0S	3.0S	不允许
长形气泡	长度范围/mm	$0.5<L{\leq}1.0$ 且 $W{\leq}0.5$	$1.0<L{\leq}3.0$ 且 $W{\leq}0.5$	$L>3.0$ 或 $W>0.5$	
	允许个数/个	不得密集存在	3.0S	0	
点状缺陷(斑点、夹杂物)	长度范围/mm	$1.0{\leq}L{\leq}2.5$	$2.5{\leq}L<5.0$	$L>5.0$	
	允许个数/个	中部 5.0S，75mm 边部 6.0S	中部 1.0S，75mm 边部 4.0S	不允许	
划伤(包括玻璃划伤和膜面划伤,计总数)	宽度${\leq}0.2$mm 或长度${\leq}5$mm	1.0S，个			
	宽度>0.2m 或长度>5mm	不允许			
断面缺陷	玻璃爆边	每片玻璃每米边长上允许有长度不超过 5mm、自玻璃边部向玻璃板表面延伸深度不超过 1mm、自板面向玻璃厚度延伸深度不超过厚度 1/4 的爆边处为 1 处			
	缺角	不允许			
	钢化玻璃凹凸	不允许			

注：1. L 表示缺陷的长度，W 表示宽度，L、W 所指均为缺陷光学变形尺寸。S 是以平方米为单位的玻璃板的面积，气泡、夹杂物、划伤的数量允许上限是以 S 乘以相应系数所得的数值，此数值应按 GB/T 8170 修约至整数。

2. 尺寸大于 0.5mm 的气泡，气泡间及气泡与夹杂物的间距应大于 300mm。

3. 圆形气泡密集存在是指在 100mm 直径的圆面积内超过 20 个，长形气泡密集存在是指在 100mm 直径的圆面积内超过 10 个。

4. 在 100mm 直径的圆面积内划伤或夹杂物均不允许超过 2 条（个）。

5. 不允许存在黑色夹杂物。

5.3.2 减反射膜浮法玻璃外观质量应符合表 7 的要求。

表 7 减反射膜浮法玻璃的外观质量

缺陷种类	质量要求	
点状缺陷	尺寸(L)/mm	允许个数限度/个
	$0.5{\leq}L{\leq}1.0$	2.0S

缺陷种类	质量要求	
点状缺陷	尺寸(L)/mm	允许个数限度/个
	1.0＜L≤2.0	1.0S
	2.0＜L≤3.0	0.5S
	L＞3.0	不允许
点状缺陷密集度	尺寸≥0.5mm 的点状缺陷最小间距不小于 300mm；直径 100mm 圆内尺寸≥0.3mm 的点状缺陷不超过 3 个	
线道	不允许	
裂纹	不允许	
划伤(包括玻璃划伤和膜面划伤,计总数)	允许范围	允许条数限度/个
	宽≤0.05mm,长≤60mm	3.0S
光学变形	公称厚度	浮法玻璃
	2mm	≥40°
	3mm	≥45°
	≥4mm	≥50°
断面缺陷	公称厚度不超过 8mm 时,不超过玻璃板的厚度；8mm 以上时,不超过 8mm	

注：S 是以平方米为单位的玻璃板面积数值,按 GB/T 8170 修约,保留小数点后两位。点状缺陷的允许个数限度及划伤的允许条数限度为各系数与 S 相乘所得的数值,按 GB/T 8170 修约至整数。

5.4 颜色均匀性

目视应无明显色差,边部 10mm 以内颜色均匀性不计。

5.5 弯曲度

a) 弓形弯曲度：弓形弯曲度不应超过 0.2%。

b) 波形弯曲度：波形弯曲度任意 300mm 范围应不超过 0.5mm。

5.6 光学性能

光学性能以太阳光有效透射比 τ 来表示,应符合表 8 的要求。

表 8　减反射膜玻璃光学性能的要求

公称厚度/mm	太阳光有效透射比 τ
2.8～4.0	≥93.5%
≥4.0	由供需双方商定

5.7 铅笔硬度

铅笔硬度应不低于 3H。

5.8 耐洗刷性能

试验后太阳光有效透射比 τ 的平均值衰减应不大于 1%,且膜层无明显脱落、剥离、起皱现象。

5.9 耐酸性能

试验后太阳光有效透射比 τ 的平均值衰减应不大于1%，且膜层无明显脱落、剥离、起皱现象。

5.10 耐中性盐雾性能

试验后太阳光有效透射比 τ 的平均值衰减应不大于1%，且膜层无明显脱落、剥离、起皱现象。

5.11 耐热循环性能

试验后太阳光有效透射比 τ 的平均值衰减应不大于1%，且膜层无明显脱落、剥离、起皱现象。

5.12 耐湿冻性能

试验后太阳光有效透射比 τ 的平均值衰减应不大于1%，且膜层无明显脱落、剥离、起皱现象。

5.13 耐湿热性能

试验后太阳光有效透射比 τ 的平均值衰减应不大于1%，且膜层无明显脱落、剥离、起皱现象。

5.14 耐紫外性能

试验后太阳光有效透射比 τ 的平均值衰减应不大于1%，且膜层无明显脱落、剥离、起皱现象。

5.15 耐砂尘性能

试验后太阳光有效透射比 τ 的平均值衰减应不大于1%，且膜层无明显脱落、剥离、起皱现象。

5.16 抗冲击性能

试验后试样应不破坏。

5.17 碎片状态

进行试验的每块试样在任何 50mm×50mm 区域内的最少碎片数应不少于40，且允许有少量长条形碎片，其长度不超过 100mm。

5.18 霰弹袋冲击性能

试样必须符合 a) 或 b) 中任意一条的规定：

a) 玻璃破碎时，每块试样的最大 10 块碎片质量的总和应不超过相当于试样 65cm² 面积的质量，保留在框内的任何无贯穿裂纹的玻璃碎片的长度不超过 120mm；

b) 霰弹袋下落高度为 1200mm 时，试样不破坏。

5.19 耐热冲击性能

减反射膜玻璃应耐 200℃ 温差不破坏。

6 试验方法

6.1 尺寸及允许偏差

6.1.1 尺寸检验

尺寸用最小刻度为 1mm 的钢直尺或钢卷尺测量。

6.1.2 对角线允许偏差

使用钢卷尺测量玻璃的两条对角线长度，并按公式(1) 计算对角线偏差。

$$\Delta l = |l_1 - l_2| \tag{1}$$

式中 Δl ——对角线偏差，mm；

  l_1，l_2 ——两条对角线长度，mm。

6.1.3 厚度允许偏差及厚薄差

用精度为 0.01mm 的外径千分尺或具有相同精度的仪器，在距玻璃板边 1.5mm 内的四边中点测量。测量结果的算术平均值即为厚度值，并以毫米（mm）为单位修约到小数点后 2 位。计算厚度值与公称厚度之差。同一片玻璃厚薄差为四个测量值中最大值和最小值之差。

6.2 外观质量

以制品为试样，在不受外界光线影响的环境中，将试样垂直放置在距屏幕 600mm 的位置。屏幕为黑色无光泽屏幕，安装有数支 40W、间距为 300mm 的荧光灯。观察者距离试样 600mm，视线与试样法线夹角为 0°～60°，来回观察，如图 1 所示。

单位: mm

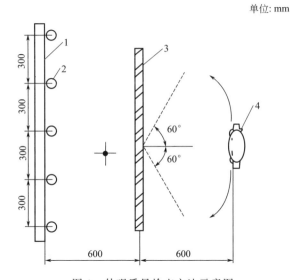

图 1 外观质量检查方法示意图

1—黑色无光泽屏幕；2—荧光灯；3—试样；4—观察者

采用符合 GB/T 9056 规定的分度值为 1mm 的金属直尺和符合 JB/T 2369 规定的分格值 0.01mm 的读数显微镜测量长度和宽度。

6.3 颜色均匀性

6.3.1 试样

以制品为试样。

6.3.2 测试方法

颜色均匀性按本标准中 6.2 的方法进行检查。

6.4 弯曲度

将试样垂直于水平面放置，不施加任何使其变形的外力。沿玻璃表面紧靠一根水平拉直的钢丝，用符合 GB/T 22523 规定的塞尺，测量钢丝与玻璃板之间的最大间隙。玻璃呈弓形弯曲时，测量对应弦长的拱高；玻璃呈波形弯曲时，测量对应两波峰间的波谷深度。按公式（2）计算弯曲度：

$$c = \frac{h}{l} \times 100\% \tag{2}$$

式中　c——弯曲度，%；

　　　h——拱高或者波谷深度，mm；

　　　l——弦长或波峰到波峰的距离，mm。

6.5　光学性能

6.5.1　试验目的

测量试样的太阳光有效透射比 τ。

6.5.2　仪器装置

带积分球酌分光光度计，积分球直径不小于 100mm，试样与积分球入口距离不大于 2mm，波段至少包括 380～1 100nm 范围。

6.5.3　试样

以制品为试样或者以与制品相同原料且与制品在同一工艺条件下制造的尺寸为 300mm×300mm 的样品作为试样，共 3 块。

6.5.4　参数测定

380～1100nm 波段太阳光有效透射比 τ 用公式（3）进行计算：

$$\tau = \frac{\int_{380nm}^{1100nm} S(\lambda)\tau(\lambda)\mathrm{d}\lambda}{\int_{380nm}^{1100nm} S(\lambda)\mathrm{d}\lambda} \approx \frac{\sum_{380nm}^{1100nm} S(\lambda)\tau(\lambda)\Delta\lambda}{\sum_{380nm}^{1100nm} S(\lambda)\Delta\lambda} \tag{3}$$

式中　λ——波长，nm；

　$S(\lambda)$——标准太阳光球辐射相对光谱分布，见表 9；

　$\tau(\lambda)$——试样的实测光谱透射比，从有膜一面垂直入射，积分球法测量，%；

　$\Delta\lambda$——波长间隔，nm。

表 9　大气质量为 1.5 时，标准太阳光球辐射相对光谱分布（引用 ISO 9050 中表 2）

λ/nm	$S(\lambda)\Delta\lambda$	λ/nm	$S(\lambda)\Delta\lambda$	λ/nm	$S(\lambda)\Delta\lambda$
300	0	345	0.00226	390	0.003551
305	0.000057	350	0.002445	395	0.004294
310	0.000236	355	0.002555	400	0.007812
315	0.000554	360	0.002683	410	0.011638
320	0.000916	365	0.000302	420	0.011877
325	0.001309	370	0.003359	430	0.011347
330	0.001914	375	0.003509	440	0.013246
335	0.002018	380	0.0036	450	0.015343
340	0.002189	385	0.003529	460	0.016166

λ/nm	$S(\lambda)\Delta\lambda$	λ/nm	$S(\lambda)\Delta\lambda$	λ/nm	$S(\lambda)\Delta\lambda$
470	0.016178	700	0.012453	1450	0.003792
480	0.016402	710	0.012798	1500	0.009693
490	0.015794	720	0.010589	1550	0.013693
500	0.015801	730	0.011233	1600	0.012203
510	0.015973	740	0.012175	1650	0.010615
520	0.015357	750	0.012181	1700	0.007256
530	0.015867	760	0.009515	1750	0.007183
540	0.015827	770	0.010479	1800	0.002157
550	0.015844	780	0.011381	1850	0.000398
560	0.01559	790	0.011262	1900	0.000082
570	0.015256	800	0.028718	1950	0.001087
580	0.014745	850	0.04824	2000	0.003024
590	0.01433	900	0.040297	2050	0.003988
600	0.014663	950	0.021384	2100	0.004229
610	0.01503	1000	0.036097	2150	0.004142
620	0.014859	1050	0.03411	2200	0.00369
630	0.014622	1100	0.018861	2250	0.003592
640	0.014526	1150	0.013228	2300	0.003436
650	0.014445	1200	0.022551	2350	0.003163
660	0.014313	1250	0.023376	2400	0.002233
670	0.014023	1300	0.017756	2450	0.001202
680	0.012838	1350	0.003743	2500	0.000475
690	0.011788	1400	0.000741	—	—

6.5.5　结果表达

按如图 2 所示方法进行取点测量，在每点处测量太阳光有效透射比 τ，取 5 点算术平均值，同时记录 $\tau(\lambda)$ 曲线值。

注：光谱透射比 $\tau(\lambda)$ 另一种使用方法见附录 A。

6.6　铅笔硬度

6.6.1　试验目的

确定试样经过特定尺寸、形状和硬度铅笔芯的铅笔推过表面时，试样表面耐产生划痕的能力。

6.6.2　试样

以制品为试样或者以与制品相同原料且与制品在同一工艺条件下制造的尺寸为 300mm×300mm 的样品作为试样，共 3 块。

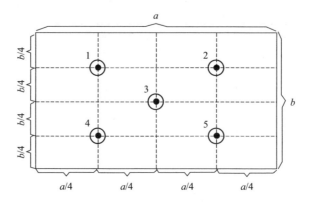

图 2   测量点选取示意图

6.6.3   仪器装置

仪器装置需符合 GB/T 6739—2006 的规定。

6.6.4   试验步骤

6.6.4.1   按 GB/T 6739—2006 中 9.1～9.5 的步骤用铅笔尖端在镀膜面至少推动 7mm 距离。

6.6.4.2   30s 后，再用蘸无水乙醇的无纺布擦拭干净，干燥后，在 200 倍显微镜下检查试样表面，观察试样表面是否出现明显划痕。

6.6.4.3   如果未出现划痕，在未进行过试验的区域重复试验，更换硬度较高的铅笔，直到出现至少 3mm 长的划痕为止。

如果出现超过 3mm 的划痕，则降低铅笔硬度重复试验，直到超过 3mm 的划痕不再出现为止。

6.6.4.4   平行测定两次。如果两次测定结果不一致，应重新试验。

6.6.5   结果表示

以没有使减反射膜玻璃出现超过 3mm 划痕的最硬的铅笔的硬度表示试样的铅笔硬度。

6.7   耐洗刷试验

6.7.1   试验目的

确定试样经受一定强度的洗刷试验后太阳光有效透射比 τ 的衰减以及外观变化情况。

6.7.2   试样

以与制品相同原料且与制品在同一工艺条件下制造的尺寸为 300mm×300mm 或 430mm×150mm 的减反射膜玻璃作为试样，共 3 块。

6.7.3   仪器装置及材料

仪器装置及材料需符合 GB/T 9266—2009 的规定。

6.7.4   试验步骤

6.7.4.1   将试样有膜面向上，与刷子直接接触，按 GB/T 9266—2009 的方法进行耐洗刷试验。共 400 次往复洗刷。

6.7.4.2   试验结束后，取出试样，先后用去离子水和无水乙醇冲洗干净，并放置于（110±10)℃的烘箱中半小时，冷却至室温测量。

6.7.5   结果表示

试验结束前后，分别测定试验区域处均匀分布的 5 个点的有效透射比 τ，计算其平均值。最后求得耐洗刷前后每一片试样太阳光有效透射比 τ 平均值的差值。

6.8 耐酸试验

6.8.1 试验目的

确定减反射膜玻璃经受一定强度的酸性环境后的太阳光有效透射比 τ 的衰减以及减反射膜玻璃外观变化情况。

6.8.2 试样

以制品为试样或者以与制品相同原料且与制品在同一工艺条件下制造的尺寸为 300mm×300mm 的减反射膜玻璃作为试样，共 3 块。

6.8.3 材料及试剂

1mol/L 浓度的盐酸溶液。

6.8.4 试验步骤

6.8.4.1 将试样全部浸入（23±2）℃的 1mol/L 的盐酸中，浸渍 24h。

6.8.4.2 试验结束后，取出试样，先后用去离子水和无水乙醇冲洗干净，并放置于（110±10）℃的烘箱中半小时，冷却至室温测量。

6.8.5 结果表示

试验结束前后，按 6.5 的要求分别测量图 2 中 5 个区域的太阳光有效透射比 τ，计算其平均值。最后计算试验前后每一片试样太阳光有效透射比 τ 平均值的差值。

6.9 耐中性盐雾试验

6.9.1 试验目的

确定试样经受一定强度的中性盐雾环境后的太阳光有效透射比 τ 的衰减以及减反射膜玻璃外观变化情况。

6.9.2 试样

以制品为试样或者以与制品相同原料且与制品在同一工艺条件下制造的尺寸为 300mm×300mm 的减反射膜玻璃作为试样，共 3 块。

6.9.3 仪器装置及材料

仪器装置及材料应符合 GB/T 1771—2007 中第 5 章和第 6 章的规定。

6.9.4 试验步骤

6.9.4.1 按 GB/T 1771—2007 中要求的方法进行中性盐雾试验，试验时间 96h。

6.9.4.2 试验结束后，取出试样，先后用去离子水和无水乙醇冲洗干净，并放置于（110±10）℃的烘箱中半小时，冷却至室温测量。

6.9.5 结果表示

试验结束前后，按 6.5 的要求分别测量图 2 中 5 个区域的太阳光有效透射比 τ，计算其平均值。最后计算试验前后每一片试样太阳光有效透射比 τ 平均值的差值。

6.10 耐热循环试验

6.10.1 试验目的

确定减反射膜玻璃承受由于温度重复变化而引起的太阳光有效透射比 τ 的衰减以及减反射膜玻璃外观变化情况。

6.10.2 试样

以制品为试样或者以与制品相同原料且与制品在同一工艺条件下制造的尺寸为 300mm×300mm 的减反射膜玻璃作为试样，共 3 块。

6.10.3 仪器装置

仪器装置应符合附录 B.2.1 的规定。

6.10.4 试验步骤

6.10.4.1 按附录 B.2.2 的步骤进行热循环试验，循环次数为 200 次。

6.10.4.2 试验结束后，取出试样，先后用去离子水和无水乙醇冲洗干净，并放置于（110±10）℃的烘箱中半小时，冷却至室温测量。

6.10.5 结果表示

试验结束前后，按 6.5 的要求分别测量图 2 中 5 个区域的太阳光有效透射比 τ，计算其平均值。最后计算试验前后每一片试样太阳光有效透射比 τ 平均值的差值。

6.11 耐湿冻试验

6.11.1 试验目的

确定减反射膜玻璃承受高温、高湿之后以及随后的零下温度影响后太阳光有效透射比 τ 的衰减以及减反射膜玻璃外观变化情况。

6.11.2 试样

以制品为试样或者以与制品相同原料且与制品在同一工艺条件下制造的尺寸为 300mm×300mm 的减反射膜玻璃作为试样，共 3 块。

6.11.3 仪器装置

仪器装置应符合附录 B.3.1 的规定。

6.11.4 试验步骤

6.11.4.1 按附录 B.3.2 的步骤进行湿冻试验，循环次数 10 次。

6.11.4.2 试验结束后，取出试样，先后用去离子水和无水乙醇冲洗干净，并放置于（110±10）℃的烘箱中半小时，冷却至室温测量。

6.11.5 结果表示

试验结束前后，按 6.5 的要求分别测量图 2 中 5 个区域的太阳光有效透射比 τ，计算其平均值。最后计算试验前后每一片试样太阳光有效透射比 τ 平均值的差值。

6.12 耐湿热试验

6.12.1 试验目的

确定减反射膜玻璃承受长期湿气渗透后的太阳光有效透射比 τ 的衰减以及减反射膜玻璃外观变化情况。

6.12.2 试样

以制品为试样或者以与制品相同原料且与制品在同一工艺条件下制造的尺寸为 300mm×300mm 的减反射膜玻璃作为试样，共 3 块。

6.12.3 试验步骤

6.12.3.1 试验应根据 IEC 60068-2-78 进行。将处于室温下没有经过任何预处理的试样放入气候室中。

6.12.3.2 在下列严酷条件进行试验：

——试验温度：(85 ± 2)℃；

——相对湿度：$(85\pm5)\%$；

——试验时间：1000h。

6.12.3.3 试验结束后；取出试样，先后用去离子水和无水乙醇冲洗干净，并放置于 (110 ± 10)℃的烘箱中半小时，冷却至室温测量。

6.12.4 结果表示

试验结束前后，按6.5的要求分别测量图2中5个区域的太阳光有效透射比 τ，计算其平均值。最后计算试验前后每一片试样太阳光有效透射比 τ 平均值的差值。

6.13 耐紫外试验

6.13.1 试验目的

确定试样承受一定强度的紫外照射后太阳光有效透射比 τ 的衰减以及外观变化情况。

6.13.2 试样

以制品为试样或者以与制品相同原料且与制品在同一工艺条件下制造的尺寸为 $300mm\times300mm$ 的减反射膜玻璃作为试样，共3块。

6.13.3 仪器装置与材料

仪器装置应符合附录 B.4.1 的规定。

6.13.4 试验步骤

6.13.4.1 按附录 B.4.2 的步骤进行紫外试验。

6.13.4.2 试验结束后，取出试样，先后用去离子水和无水乙醇冲洗干净，并放置于 (110 ± 10)℃的烘箱中半小时，冷却至室温测量。

6.13.5 结果表示

试验结束前后，按6.5的要求分别测量图2中5个区域的太阳光有效透射比 τ，计算其平均值。最后计算试验前后每一片试样太阳光有效透射比 τ 平均值的差值。

6.14 耐砂尘试验

6.14.1 试验目的

为了确定试样经一定强度的吹尘、吹砂、降尘后太阳光有效透射比 τ 的衰减。

6.14.2 仪器装置及材料

符合 GJB 150.12A—2009 的砂尘试验箱及砂尘。

6.14.3 试样

以制品为试样或者以与制品相同原料且与制品在同一工艺条件下制造的尺寸为 $300mm\times300mm$ 的减反射膜玻璃作为试样，共3块。

6.14.4 试验步骤

6.14.4.1 按 GJB 150.12A—2009 的规定进行吹尘、吹砂、降尘三个程序。其中：吹尘试验浓度为 $(10.6\pm7)g/m^3$，吹尘速度 8.9m/s；吹砂浓度为 $(1.1\pm0.3)g/m^3$，吹砂速度 $18\sim29m/s$，吹砂时间 90min。

6.14.4.2 取出试样后，用风吹去试样表面砂尘，然后用蒸馏水冲洗，在自然环境中晾干。

6.14.5 结果表示

试验结束前后，按 6.5 的要求分别测量图 2 中 5 个区域的太阳光有效透射比 τ，计算其平均值。最后计算试验前后每一片试样太阳光有效透射比 τ 平均值的差值。

6.15 抗冲击性试验

6.15.1 试样

以与制品相同原料且与制品在同一工艺条件下制造的尺寸为 610^{+5}_{0} mm $\times$ 610^{+5}_{0} mm 的减反射膜玻璃作为试样，共 6 块。

6.15.2 试验装置

试验装置应符合 GB 15763.3—2009 附录 A 的规定。使冲击面保持水平，有膜一面朝上。

6.15.3 试验步骤

按 GB 15763.2—2005 中 6.5.3 步骤进行试验。

6.16 碎片状态

6.16.1 试样

以制品为试样，共 4 块

6.16.2 试验装置

可保留碎片图案的任何装置。

6.16.3 试验步骤

按 GB 15763.2—2005 中 6.6.3 步骤进行试验。

6.17 霰弹袋冲击性能

6.17.1 试样

以制品为试样或者以与制品相同原料且与制品在同一工艺条件下制造的尺寸为 1930^{+5}_{0} mm $\times$ 864^{+5}_{0} mm 的减反射膜玻璃作为试样，共 4 块。

6.17.2 试验装置

试验装置应符合 GB 1.5763.3—2009 附录 B 的规定。

6.17.3 试验步骤

按 GB 15763.2—2005 中 6.7.3 步骤进行试验。

6.18 耐热冲击性能

6.18.1 试样

以与制品相同原料且与制品在同一工艺条件下制造的尺寸为 300 mm $\times$ 300 mm 的减反射膜玻璃作为试样，共 4 块。

6.18.2 试验步骤

将试样置于 (200 ± 2)℃ 的烘箱中，保温 4h 以上，取出后立即将试样垂直浸入 0℃ 的冰水混合物中，应保证试样高度的 1/3 以上能浸入水中，5min 后观察玻璃是否破坏。

6.19 试验条件

试验 6.15、6.16、6.17 应在下述条件下进行：

——环境温度：(20 ± 5)℃；

——相对湿度：20%～50%。

7 检验规则

7.1 检验分类

检验分为出厂检验和型式检验。

7.1.1 出厂检验

外观质量、尺寸偏差、光学性能、颜色均匀性和弯曲度。

7.1.2 型式检验

检验项目为本标准第5章中全部技术要求。在下列情况下，应进行型式检验：

a) 新产品或老产品转厂生产的试制定性鉴定；

b) 正式生产后，如结构、材料和工艺等有较大改变，可能影响产品性能时；

c) 正常生产后，每年至少进行一次型式检验；

d) 产品长期停产后，恢复生产时；

e) 出厂检验结果与上次型式检验有较大差异时。

7.2 组批和抽样

7.2.1 出厂检验时，企业可以根据生产状况制定合理的抽样方案抽取样品。

7.2.2 当进行型式试验时，可按本标准表10规定的玻璃量和样本量抽样。表10依据GB/T 2828.1，AQL＝6.5。

表10 抽样表

批量	样本量	接收数	拒收数
2～8	2	0	1
9～15	3	0	1
16～25	5	1	2
26～50	8	1	2
51～90	13	2	3
91～150	20	3	4
151～280	32	5	6
281～500	50	7	8
501～1200	80	10	11

7.2.3 对于产品所要求的各项技术性能，若用制品检验时，根据检测项目所要求的数量从该拟产品中随机抽取；若用试样进行检验时，应采用同一工艺条件下制备的试样。当该批产品批量大于1200块时，以每1200块为一批分批抽取试样，当检验项目为非破坏性试验时，可以用它继续进行其他项目的检测。

7.3 判定规则

7.3.1 对产品外观质量、尺寸偏差、光学性能、颜色均匀性和弯曲度进行检验时，一片玻璃其检验结果的各项指标均需满足要求，则该片玻璃为合格，否则为不合格。

一批玻璃中，若不合格数小于或等于表10中的接收数，则该批玻璃上述指标合格；若不合格片数大于或等于表10中拒收数，则该批玻璃上述指标不合格。

7.3.2 进行产品的耐洗刷性、耐酸性、耐中性盐雾试验、耐热循环试验、耐湿冻试验、耐湿热试验、耐紫外试验和耐砂尘试验检验时，每个项目试样数量3块，试样全部满足要求为合格；当有 2 块及 2 块以上试样不合格，则该项目不合格；当有 1 块试样不合格时，重新追加 3 块试样，3 块试样全部合格，该项目合格。

7.3.3　进行产品的抗冲击性能试验时，试样破坏数不超过 1 块为合格，多于或等于 3 块为不合格。破坏数为 2 块时，再另取 6 块进行试验，试样必须全部不被破坏为合格。

7.3.4　进行产品的碎片状态和霰弹袋冲击性能试验时，4 块试验全部满足要求为合格，否则该项目不合格。

7.3.5　进行产品的耐热冲击性能试验时，当 4 块试样全部符合规定时，认为该项性能合格。当有 2 块以上不符合时，则认为不合格。当有 1 块不符合时，重新追加 1 块试样，如果它符合规定，则认为该项性能合格。当有 2 块不符合时，则重新追加 4 块试样，全部符合规定时则为合格。

7.3.6　全部检验项目中，如果有一项不合格，则认为该批产品不合格。

8　标志、包装、运输和贮存

8.1　标志

包装标志应符合国家有关标准的规定，每个包装箱应标明"朝上、轻搬正放、小心破碎、防雨怕湿"等标志或字样；应标明玻璃尺寸、厚度、生产日期、合格证、厂名、厂址或商标。

8.2　包装

玻璃的包装可采用木箱、纸箱或集装箱（架）包装，箱（架）应便于装卸、运输。每箱（架）宜装同一厚度、尺寸的玻璃。玻璃与玻璃之间、玻璃与箱（架）之间应采取防护措施，防止玻璃的破损和玻璃表面的划伤，如有必要，需放置足量的干燥剂。

8.3　运输

产品可用各种类型的车辆运输，搬运规则、条件等应符合国家有关规定。运输时，玻璃应固定牢固，防止滑动、倾倒，应有防雨措施。

8.4　贮存

产品应贮存在干燥通风的地方。

附录 A

（资料性附录）

光谱透射比另一种使用方法

本附录给出了太阳光有效透射比 τ 的使用方法。在光伏领域，太阳光有效透射比与玻璃的透射比、AM1.5 太阳光光谱分布以及电池片的光谱响应分布有关。因为不同材料、工艺等生产出的电池片光谱响应分布不尽相同，无法在标准中分别列举，本标准中 6.4 给出的太阳光有效透射比 τ 仅与 AM1.5 太阳光光谱分布有关，只能部分反映产品的有效透射比。本附录给出了另一种太阳光有效透射比 τ_1 的计算方法。

测试方法按 6.4 规定进行。

$380 \sim 1100\text{nm}$ 波段太阳光有效透射比 τ_1，用公式（A.1）进行计算：

$$\tau_1 = \frac{\int_{380\text{nm}}^{1100\text{nm}} S(\lambda)\tau(\lambda)\eta(\lambda)\mathrm{d}\lambda}{\int_{380\text{nm}}^{1100\text{nm}} S(\lambda)\eta(\lambda)\mathrm{d}\lambda} \approx \frac{\sum_{380\text{nm}}^{1100\text{nm}} S(\lambda)\tau(\lambda)\eta(\lambda)\Delta\lambda}{\sum_{380\text{nm}}^{1100\text{nm}} S(\lambda)\eta(\lambda)\Delta\lambda} \tag{A.1}$$

式中　$\eta(\lambda)$——电池片光谱响应分布，有效波段为380～1100nm。

附录 B

（规范性附录）

与标准 IEC 61215—2005 相关的测试方法

B.1 概述

本标准部分引用了国际标准 IEC 61215—2005 中的相关测试方法，但并不完全等价，如有争议，以本附录为准。

B.2 耐热循环性能

B.2.1 试验装置

试验装置包括：

a）一个气候室，有自动温度控制，有使内部空气循环和避免在试验过程中水分凝结在试样表面的装置，而且能容纳一个或多个试样进行如图 B.1 所示的耐热循环试验。

b）在气候室中有安装或支承试样的装置，并保证周围的空气能自由循环。安装或支承装置的热传导应小，因此实际上，应使试样处于绝热状态。

c）测量和记录试样温度的仪器，准确度为±1℃。温度传感器置于试样中部的前或后表面。如多个试样同时试验，只需监测一个代表试样的温度。

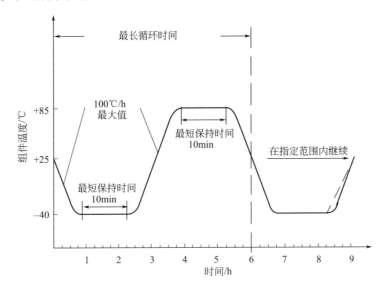

图 B.1　耐热循环示意图

B.2.2 试验步骤

按以下步骤进行试验：

a）在室温下将试样装入气候室。

b）关闭气候室，按图 B.1 的分布，使试样的温度在（－40±2）℃和（85±2）℃之间循环。最高和最低温度之间温度变化的速率不超过 100℃/h，在每个极端温度下，应保持稳定至少 10min。一次循环时间不超过 6h。

c）在整个试验过程中，记录试样的温度。

B.3　湿冻试验

B.3.1　试验装置

试验装置包括：

a）一个气候室，有自动温度和湿度控制，能容纳一个或多个试样进行如图 B.2 所规定的湿冻试验。

b）在气候室中有安装或支承试样的装置，并保证周围的空气能自由循环。安装或支承装直的热传导应小，因此实际上，应使试样处于绝热状态。

c）测量和记录试样温度的仪器，准确度为±1℃。如多个试样同时试验，只需监测一个代表试样的温度。

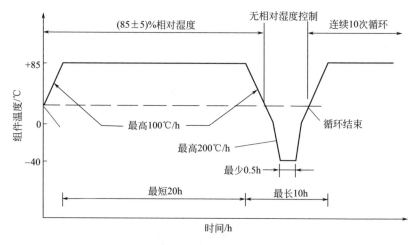

图 B.2　湿冻试验示意图

B.3.2　试验步骤

按以下步骤进行试验：

a）将温度传感器置于试样中部的前或后表面；

b）在室温下将试样装入气候室；

c）将温度传感器接到温度监测仪；

d）关闭气候室，使试样完成如图 B.2 的所示的 10 次循环，最高和最低温度应在所设定值的±2℃以内，室温以上各温度下，相对湿度应保持在所设定值的±5％以内；

e）在整个试验过程中，记录试样的温度。

B.4　紫外试验

B.4.1　试验装置

试验装置包括：

a）在经受紫外辐照时能控制试样温度的设备，试样的温度范围必须在（60＋5)℃。

b）测量记录试样温度的装置，准确度为±2℃。温度传感器应安装在靠近试样中部的前或后表面，如果同时试验的试样多于一个，只需监测一个代表试样的温度。

c）能测试照射到试样试验平面上紫外辐照度的仪器，波长范围为280～320nm 和320～385nm，准确度为±15％。

d）紫外辐射光源，在试样试验平面上其辐照度均匀性为±15％，无可探测的小于 280nm 波长的辐射，能产生 B.4.2 规定的光谱范围内需要的辐照度。

B.4.2 试验步骤

按以下步骤进行试验：

a）使用校准的辐射仪测量试样试验平面上的辐照度，确保波长在 280～385nm 的辐照度不超过 250W/m² （约等于 5 倍自然光水平），且在整个测量平面上的辐照度均匀性到达 ±15％。

b）安装试样到在步骤 a）选择位置的测量平面上，与紫外光线相垂直。保证试样的温度范围为（60±5)℃。

c）使试样经受波长在 280～385nm 范围的紫外辐射为 15kW·h/m²，其中波长为 280～320nm 的紫外辐射至少为 5kW·h/m²，在试验过程中维持试样的温度在前面规定的范围内。

附录2

国际标准：光伏(PV)组件安全鉴定 试验要求（IEC 61730-2：2004）

1 范围

IEC 61730 的本部分规定了光伏组件的试验要求，以使其在预期的使用期内提供安全的电气和机械运行。对由机械或外界环境影响造成的电击、火灾和人身伤害的保护措施进行评估。IEC 61730-1 给出了结构要求，本部分给出了试验要求。

本部分尽可能详细说明光伏组件不同应用等级的基本要求，但是不可能满足所有国家和地区的要求。本部分未涉及海上及交通工具应用时的特殊要求。本部分也不适用于集成了逆变器的组件（交流组件）。

本部分设计的试验顺序与 IEC 61215 或 IEC 61646 相一致，所以一套样品可同时用于光伏组件设计的安全和性能评估。

本部分所设计的试验顺序使得 IEC 61215 或 IEC 61646 可作为基本的预处理试验。

注 1：本部分要求的试验顺序可能不适用于所有可能情况的光伏组件应用情况的相关安全。本部分标准采用了编辑本标准试验的最佳顺序。有一些出版物，比如在高电压系统中由于组件破损而引起电击的潜在危险，应标注有系统设计、应用场所、限制接近等级以及维护等。

本部分的目的是为已通过 IEC 61730-1 的光伏组件提供安全鉴定的试验要求。这些要求是为了减少由于组件应用等级误用、错误使用或内部元件碎裂而引起的火灾、电击和人身伤害。本部分规定了为提供组件基本安全试验要求和附加的试验。

测试范围包括外观检查、电击、火灾、机械应力和环境应力。

注 2：除本部分的要求外，应考虑 ISO 相关的标准、国家和地区法规中另外的试验要求。这些法规对组件在当地的安装和使用具有管辖权。

2 规范性引用文件

下列文件中的条款在本部分规定中引用。凡是注日期的引用文件，只有相应的版本适合本部分。凡是不注日期的引用文件，其最新的版本均适用于本部分。IEC 60060-1、IEC 60068-1、IEC 60410、IEC 60664-1：1992、IEC 60904-2、IEC 60904-6、IEC 61032：1997、IEC 61140、IEC 61215：2004、IEC 61646：1996、IEC 61730-1：2004、ISO/IEC 17025、

ANSI/UL 514C、ANSI/UL 790、ANSI/UL 1703、ANSI Z97.1。

3 应用等级

3.1 概述

光伏组件可以有许多不同的应用方式,因此把评估在相应应用条件下的潜在危险与组件结构联系起采考虑是很重要的。

不同的应用等级应该满足与其相应的安全要求和进行必要的试验。本章定义了应用等级和对每个等级要求的结构特性。

光伏组件的应用等级定义如下:

3.2 A级:公众可接近的、危险电压、危险功率条件下应用

通过本等级鉴定的组件可用于公众可能接触的、大于直流50V或240W以上的系统。通过IEC 61730-1和本部分的本应用等级鉴定的组件满足安全等级Ⅱ的要求。

3.3 B级:限制接近的、危险电压、危险功率条件下应用

通过本等级鉴定的组件可用于以同栏、特定区划或其他措施限制公众接近的系统。通过本应用等级鉴定的组件只提供了基本的绝缘保护,满足安全等级0的要求。

3.4 C级:限定电压、限定功率条件下应用

通过本等级鉴定的组件只能用于公众有可能接触的、低于直流50V和240W的系统。通过IEC 61730-1和本部分等级鉴定的组件满足安全等级Ⅲ的要求。

注:安全等级在IEC 61140中规定。

4 试验范围

4.1 概述

以下危险可能影响组件的寿命和安全性能。依照这些危险,制定了相关的试验程序和标准。

注:组件安全试验标有MST。

表1~表6给出了必需试验的汇总。对于一些试验,第三章给出了试验的起始信息,但是具体的试验信息将在第10章和第11章提出。其他的试验基于或同于IEC 61215/IEC 61646,涉及的相关条款在最后给出。IEC 61215/IEC 61646中的一些基本试验在IEC 61730中细化,并包含在第10章和第11章。

4.2 预处理试验

表1 预处理试验

试验	标题	涉及标准	参考	
			IEC 61215	1EC 61646
MST 51	热循环(50次或200次循环)		10.11	10.11
MST 52	湿冻试验(10次循环)		10.12	10.12
MST 53	湿热试验(1000h)		10.13	10.13
MST 54	紫外试验		10.10	10.10

4.3 基本检查

表 2　基本检查试验

试验	标题	涉及标准	参考	
			IEC 61215	IEC 61646
MST 01	外观检查		10.1	10.1

4.4　电击危害试验

这个试验的目的是使操作人员免于由于接触组件由设计、结构或环境操作引起的错误而带电的部分引起的电击和人身伤害。

表 3　电击危害试验

试验	标题	涉及标准	参考	
			IEC 61215	IEC 61646
MST 11	无障碍试验	ANSI/UL 1703		
MST 12	剪切试验(对玻璃表面没有要求)	ANSI/UL 1703		
MST 13	接地连续性试验(金属边框要求)	ANSI/UL 1703		
MST 14	脉冲电压试验	IEC 60664-1		
MST 16	绝缘耐压试验		10.3[①]	10.3[①]
MST 17	湿漏电流试验		10.15	10.20
MST 42	引出端强度试验		10.14	10.14

① 通过/失败标准不同于 IEC 61215 和 IEC 61646。

4.5　火灾试验

这个试验用于评估组件由于操作或结构引起的潜在的火灾危险。

表 4　火灾试验

试验	标题	涉及标准	参考	
			IEC 61215	IEC 61646
MST 21	温度试验	ANSI/UL 1703		
MST 22	热斑试验		10.9	10.9
MST 23	防火试验	ANSI/UL 790		
MST 25	旁路二极管热试验		10.18	
MST 26	反向过电流试验	ANSI/UL 1703		

4.6　机械压力试验

这个试验的目的是使机械故障引起组件伤害降到最低。

表 5　机械应力试验

试验	标题	涉及标准	参考	
			IEC 61215	IEC 61646
MAT 32	组件破损量试验	ANSI Z97.1		
MAT 34	机械载荷试验		10.16	10.16

4.7 结构试验

表 6 结构试验

试验	标题	涉及标准	参考	
			IEC 61215	IEC 61646
MST 15	局部放电试验	IEC 60664-1		
MST 33	导线管弯曲试验	ANSI/UL 514C		
MST 44	可敲落的孔口盖试验	ANSI/UL 514C		

5 应用等级以及其必需的试验程序

组件所必需的试验程序（依赖于 IEC 61730-1 中描述的应用等级）在表 7 中描述。试验顺序依照图 1。

一些试验要进行预处理。

注：试验顺序已经设计好，因此，可以结合 IEC 61215（IEC 61646）、IEC 61730-2 试验。这样，在 IEC 61215（IEC 61646）中的环境试验可以作为 IEC 61730 的预处理。

表 7 组件必需的试验程序

应用等级			试验
A	B	C	
			预处理试验：
×	×	×	MST 51 热循环(50 次/200 次)
×	×	×	MST 52 湿-冷试验(10 次)
×	×	×	MST 53 湿-热试验(1000 次)
×	×	×	MST 54 紫外试验
			基本检查：
×	×	×	MST 01 外观检查
			电击危害试验：
×	×	—	MST 11 无障碍试验
×	×	—	MST 12 剪切试验
×	×	×	MST 13 接地连续性试验
×	×[①]	—	MST 14 脉冲电压试验
×	×[①]	—	MST 16 绝缘耐压试验
×	×	—	MST 17 湿漏电流试验
×	×	×	MST 42 引线端子强度试验
			火灾试验：
×	×	×	MST 21 温度试验
×	×	×	MST 22 热斑试验
×[②]	—	—	MST 23 防火试验
×	×		MST 26 反向过电流试验

应用等级			试验
A	B	C	
			机械应力试验:
×	—	×	MST 32 组件破损量试验
×	×	×	MST 34 机械载荷试验
			结构试验:
×	—	—	MST 15 局部放电试验
×	×	—	MST 33 导线管弯曲试验
×	×	×	MST 44 可敲落的孔口盖试验

① 对于等级 A、B 不同的试验。

② 建筑顶层用组件最低耐火等级 C 级。

注: × 表示需要的试验。

— 表示不需要的试验。

6 取样

在同一批或几批产品中,按照 IEC 60410 规定的方法随机抽取六个组件(如果需要可增加备份)用于安全鉴定试验,要求另选样品进行防火试验。这些组件应由符合相应图纸和工艺要求规定的材料和元器件所制造,并经过制造厂家常规检测、质量控制与产品验收程序。组件应该是完整的,并附有制造厂家的搬运、安装和连接说明书,包括系统最大许可电压。

如果被试验的组件是一种新设计的样品而不是采自于生产线上,应在试验报告中加以说明(见第 7 章)。

7 报告

通过验证后,试验机构应根据 ISO/IEC 17025 给出试验验证报告,该证书应包括测定的性能参数,以及失效、重新试验或省略试验的详细情况:

① 标题。

② 实验室名称和地址以及试验地点。

③ 唯一的鉴定证书和页数。

④ 在适当的地方给出客户名称和地址。

⑤ 进行试验项目的描述和鉴定。

⑥ 进行试验项目的描述和达到的项目。

⑦ 在适当的地方给出试验的日期。

⑧ 鉴定的方法。

⑨ 相应的取样程序。

⑩ 任何背离不同于测试方法,其他任何和测试相关的详细信息,比如周围环境。

⑪ 通过图、表、照片等表达试验结果,包括系统最大电压、安全等级和失败记录。

⑫ 包括是否进行脉冲电压试验的声明。

⑬ 在相应的地方标明疑问。

⑭ 法人信息，以及证明发行时间。

⑮ 在相应的地方标明删除试验结果的条款。

⑯ 声明证书不会出现附件或进行拷贝。

制造厂应保存一份报告供参考。

8 试验

把组件分组，并按图 1 所示的程序进行安全试验。

9 合格判据

如果每一个样品达到所有试验标准，则认为该组件设计通过了安全试验。

如果有任何一个样品没通过试验，则认为进行认证的产品不满足安全试验的要求。

注：不满足试验要求的程度将决定重新鉴定的要求范围。

10 试验程序

10.1 外观检查 MST 01

10.1.1 目的

检查组件有何外观缺陷。

10.1.2 步骤

这个测试是在 IEC 61215/IEC 61646 的基础上增加了以下几点：

① 可能影响安全的情形；

② 标记同 IEC 61730-1 的条款 11 不一样。

对在后续测试中会使组件的安全变化和产生负面影响的任何裂痕、气泡或脱层等进行记录说明和（或）照相记录。除了以下列出的重大缺点外的外观条件都是可以被接受的。

10.1.3 通过标准

以下几点为重大外观缺陷：

① 破碎、断裂或损伤的外表面；

② 弯曲或不规则的外表面，包括上下基层，边框和接线盒的大小造成组件安全性能的削弱；

③ 在组件的边框和电池之间形成连续通道的气泡或脱层，或者，如果继续进行测试，在测试过程中，会达到这种情形的缺陷；

④ 有明显的熔化、烧焦的密封塑料、背面薄层、二极管或其他相关光伏结构；

⑤ 丧失机械完整性，导致组件的安装和（或）工作受到影响；

⑥ 没能依据 IEC 61730-1 第 12 章完成标记。

10.2 无障碍试验 MST 11

10.2.1 目的

确定非绝缘电路是否会对操作人员产生电击危险。

10.2.2 仪器

有以下仪器：

① 如 IEC 61032 图 1 所示的型号 11 的圆柱形测试夹具；

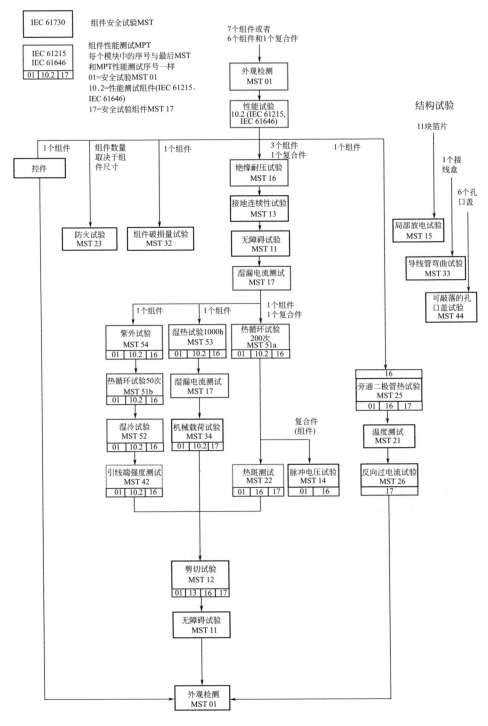

图 1　测试流程

　太阳能电池减反射膜技术：原理、制造与应用

② 一个欧姆表或连续测试仪。

10.2.3　步骤

依如下步骤：

① 按照厂商的要求安装连接组件；

② 将欧姆表或连续性测试仪连接到组件电路和测试夹具；

③ 不用工具从组件上除去所有的封装、插头和连接；

④ 用测试夹具探头测试所有的电气连接器、插头、接线盒和组件任何可以测试到的地方；

⑤ 在测试期间注意测试夹具探头是否和组件的电路连接在一起。

10.2.4　最后测量

无。

10.2.5　要求

测试期间测试夹具和组件电路间的电阻不小于 1MΩ。

10.2.6　通过标准

在测试期间探头决不能和任何电气部分连接。依照测试程序图 1 可知此测试是在测试程序开始和最后进行的，但是在其他测试步骤中如果发现有线路裸露的情况，也要进行此测试。

10.3　剪切试验 MST 12

10.3.1　目的

测定由聚合材料制作的组件的前后表面是否能经受安装和运行期间的例行操作，并且操作人员没有触电的危险。这个测试基于 ANSI/UL 1703。

10.3.2　仪器

如图 2 所示的测试夹具，做一个具体形状体，(0.644±0.05)mm 厚碳钢刀片（例如钢锯片的背面）放在组件表面并施加 (8.9±0.5)N 的力。

10.3.3　步骤

步骤如下：

① 将组件前表面向上水平放置；

② 将测试夹具置于组件表面 1min，然后以 (150±30)mm/s 的速度划过组件表面，将此步骤在不同点重复 5 次；

③ 在组件的背表面重复步骤①和步骤②。

10.3.4　最后测量

重复 MST 01、MST 13、MST 16 和 MST 17。

10.3.5　通过标准

通过标准如下：

① 组件的上、下表面没有显著的划痕，没有线路暴露；

② MST 13、MST 16、MST 17 在初始测量中应满足同样的要求。

10.4　接地连续性试验 MST 13

10.4.1　目的

证明在组件的暴露传导表面之间有传导通道，这样在一个光伏组件系统中，暴露的传导

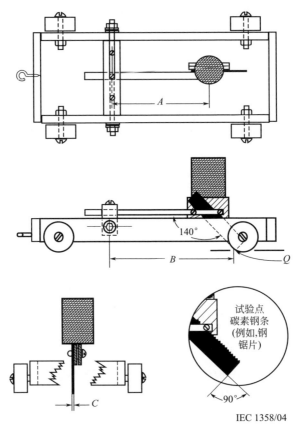

IEC 1358/04

摘要：A：从轴到重心，150mm；B：从轴到测试点，170mm；

C：测试点，−0.64mm 厚钢条；Q：施加于测试点压力，Q：8.9N。

图 2　切割灵敏测试

表面可以完全接地。只有组件有暴露的传导部分（如金属边框或金属性质的接线盒）时才要求这个测试。

10.4.2　仪器

仪器需求如下：

① 一个稳恒电流源，测试中提供 2.5 倍于组件保护级别下最大过电流的稳恒电流。参照 MST 26。

② 合适量程的伏特计。

注：依照 IEC 61730-1，最大过电流必须由厂家提供。

10.4.3　步骤

步骤如下：

① 选定厂家指定的接地点和推荐的接地线，接上一个稳恒电源终端；

② 选定到接地点最大物理唯一的相邻（连接）外露导电部分，并接上另一个电源终端；

③ 将伏特计接在已提供电流的两导电部分；

④ 接 2.5±10％倍于组件过电流保护级别的电流，并维持至少 2min；

⑤ 测量电流和最后的电压差值；

⑥ 将电流调到 0；

⑦ 在附加的边框上重复这个测试。

10.4.4 最后测量

无。

10.4.5 通过标准

选定的外露导电部分和组件其他导电部分之间的电阻小于 0.1Ω。

10.5 脉冲电压试验 MST 14

10.5.1 目的

检验组件固体绝缘抵抗大气源过电压的能力。它还涉及高低压转变。

注：如果光伏组件带框出售，脉冲电压测试中使用带框组件。

10.5.2 仪器

仪器如下：

① 脉冲电压发生器；

② 示波器。

10.5.3 步骤

为了测试重复性的目的，这个测试在室温和湿度小于 75％的条件下进行。步骤如下：

① 用铜箔将整个组件包起采。将铜箔连接到脉冲电压发生器的负极。

② 将组件引出的短接头接到脉冲电压发生器的正极。

铜箔要求：

a. 铜厚 0.03～0.05mm；

b. 传导黏合（传导率＜1Ω，测量范围 625mm²）；

c. 总厚 0.05～0.07mm。

③ 无辐照，加由脉冲电压发生器生成的如表 8 和图 3 的波形。脉冲波形由示波器显示，在每次测量时要记录上升时间和脉冲宽度。

表 8 脉冲电压和系统最大电压

系统最大电压/V	脉冲电压	
	应用类别 A/V	应用类别 B/V
100	1500	800
150	2500	1500
300	4000	2500
600	6000	4000
1000	8000	6000

注 1：依照 IEC 60664-1 的 2.2.2.1.1，组件属于过电压种类Ⅲ。测试步骤已经减少了一个，因为系统通常装有过电压保护装置。另外，为验证增加的电阻（依照应用类别 A 和安全级别Ⅱ的要求），应用类别 A 的水平已经增加了一个。

注 2：线性插值允许为系统最大电压的中间值。

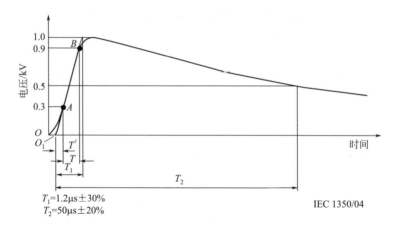

注：参数 O_1 是脉冲电压的起始点。有线性时间刻度的图表，
这是由点 A 和点 B 确定的时间轴和曲线的交点。

图 3 脉冲电压曲线 （参照于 IEC 60060-1）

④ 适用三个连续的脉冲。

⑤ 改变脉冲发生器的极性并适用三次连续脉冲。

10.5.4 最后测量

重复 MST 01 外观检查。

10.5.5 通过标准

通过标准如下：

① 测试过程中没有明显的绝缘击穿，或组件表面没有破裂现象；

② 没有 10.1 中所提到的明显的外观缺陷。

10.6 绝缘耐压试验 MST 16

10.6.1 目的

测定组件电流体和边框（外界）的绝缘性能是否足够好。

测试应在周围环境温度（参照 IEC 60068-1）和湿度不超过 75% 的环境下进行。

10.6.2 步骤

这个测试同 IEC 61215/IEC 61646 一样依据于应用类别和系统的最大电压。

测试最大电压对于应用类别 A：2000V 加 4 倍系统最大电压；

对于应用类别 B：1000V 加 2 倍系统最大电压。

10.6.3 通过标准

参照 IEC 61215/IEC 61646。

10.7 温度试验 MST 21

10.7.1 目的

温度测试的目的是确定组成组件的各个结构部分和材料的最高耐温参考，从而更好地使用它们。

10.7.2 测试条件

测试过程中周围温度应在 20～55℃。

测试过程中由一误差为±5％的校准装置测定组件共面辐照度不小于 $700\,W/m^2$（依照 IEC 60904-2 和 IEC 60904-6）。所有数据应该在风速小于 $1m/s$ 的环境下取得。

10.7.3 步骤

被测组件放在厚度约为 19mm 的木制平台上（冲压木、胶合板）。平台对着测试样品的一面平滑地漆上黑色。平板每边应在组件基础上至少延伸 60cm。

被测组件依据厂家的说明书安装在平台上。如果说明书中有多个选项，则依照可能造成最坏影响的选项。如果没有说明，则直接将组件安装在平台上。

组件成分的温度由校准装置或系统测试，最大误差为±2℃。

组件应在开路和短路两种情形下操作，并且每种测试温度数据在各自对应的情形下收集。当连续 2 次读数，断开 5min，温度变化小于±1℃，则认为达到热稳定。

被测组件的温度（T_{obs}）由 40℃时的环境和测试时环境温度（T_{amb}）的差异进行修正，公式为 $T_{con} = T_{obs} + (40 - T_{amb})$。$T_{con}$ 是修正温度。

如果在温度试验过程中出现了一个无法接受的性能问题，并且这个性能归因于试验条件，虽然在最低规范之内，仍认为比必要的条件下的性能问题更为严重。例如，环境温度接近最低要求标准，试验可能在人为控制的条件下接近标准要求。

如果辐照度不是 $1000\,W/m^2$，则有多于两个差值大于 $80\,W/m^2$ 的辐照度下的温度，根据二次推导人为确定在 $1000\,W/m^2$ 辐照度下的温度。

典型测试点包括：

① 在中心电池上的组件上表层；

② 在中心电池下的组件下表层；

③ 接线盒内壁；

④ 接线盒内部空间；

⑤ 现场接线端子；

⑥ 现场接线绝缘层；

⑦ 外部连接体（如果有）；

⑧ 二极管（如果有）。

注：由于存在多种可能变化，在每个测试范围不止采用一个数据采集点，根据实验室的判断。

10.7.4 要求

要求如下：

测量温度不超过表 9 所示的组件表面、材料或结构的限制温度；或者组件的任何部分没有开裂、弯曲、烧焦或类似的损伤，如 10.1 所要求。

表 9　成分温度限制

零件、材料、结构	温度限制/℃
绝缘材料③	
聚合材料	①
光纤	90
酚醛化合物薄层	125

零件、材料、结构	温度限制/℃
酚醛化合物模具	150
现场接线端子,金属部分	比周围高 30
导线可能连接的现场接线盒	①和④中更好的,或②
绝缘导线	④
表面(边框)和相邻组件	90

① 材料的相对热指数（RTI）小于 20℃；

② 如果有标记说明使用导线的最小温度级别，在接线盒的一个终端点的温度可能大于列表中的值，但最好不要超过 90℃；

③ 如果可以确定高温不会引起火灾危险或触电，那么比列表所列温度高的值也是可以接受的；

④ 绝缘导线的温度最好不要超过导线的温度级别要求。

10.8　防火试验 MST 23

10.8.1　目的

这个要求建立了作为屋顶材料或者安装在已有屋顶上面的光伏组件的耐火基本原则。这些组件可能暴露于大火的条件下，因此需要指出当火源来自它们所安装建筑物的外部时组件的耐火特性。组件在测试后不要求进行操作。

注：这个测试详细地说明了必要条件的基本原则，这个条件可能不满足当地或国际对专用于建筑的组件的建筑标准。附加测试，可能需要超越或除这些试验之外的测试。

耐火等级范围从 C 级（最低耐火等级）到 B 级到 A 级（最高耐火等级）。最低耐火等级 C 级是建筑用组件所必需的。为满足特殊要求，可能要求高等级的证明。

10.8.2　步骤

用于屋顶材料或者安装在已有屋顶上的光伏组件需要一个独特的飞火试验和表面延烧试验，参照基于 ANSI/UL 790 的附件 A。提供足够多的样品用于建立表面延烧试验单一测试和飞火试验。

符合这些测试的产品是不易燃的。提供火焰防护的测试度，不从位置上偏移，不产生飞火。

10.8.3　通过标准

光伏组件系统应达到附件 A 所规定的火焰抵抗等级。用于建筑表面的组件需要通过飞火试验和表面延烧试验。组件用于屋顶材料的要求附加测试（如 ANSI/UL 790 大纲）。

10.9　反向过电流试验 MST 26

10.9.1　目的

组件包含电气传导材料，包裹于绝缘系统。在反向电流的条件下，在起用过电流保护装置中断电路之前，组件的接头和电池以热发散的方式释放能量。这个测试是为了确定组件在此条件下点火或燃烧的危险指数。

10.9.2　步骤

将测试组件的上表面面向一 9mm 厚的软的松木板（用一层白色的纱布包起来）。

组件背面用一层粗棉布覆盖。粗棉布是没有经过处理的棉线布（$26\sim28m^2/kg$，线程数 32、28）。

所有阻断二极管应被拆除（短路）。

测试在有大量精棉的区域进行。

照在组件电池区域的辐照度小于 50W/m²。

将一个实验室用直流电源正极连接到组件的正极。反向测试电流（I_{test}）为组件过电流保护等级电流的 135%（根据厂商提供）。测试电流由 I_{test} 的值限制，测试电压增加以观察组件的反向电流。

测试持续 2h 或者出现最终结果，选先出现的情形。

注：关于最大过电流保护级别，参考 IEC 61730-1-12.2。

10.9.3　通过标准

通过标准如下：

① 组件不燃烧，与组件接触的粗棉布和薄纱布没有燃烧和烧焦。

② MST 17 同样满足要求。

10.10　组件破损量试验 MST 32

10.10.1　目的

这个测试的目的是切割或打孔的伤害减小到最少。

10.10.2　背景

这里描述的测试基于 ANSI Z97.1，撞击试验。

10.10.3　仪器

仪器要求如下：

① 撞击物为皮质撞击袋或类似形状和尺寸。袋子装有要求重量的铅弹或小球（直径 2.5～3.0mm）。图 4 是撞击袋的设计图。测试过程中，撞击物完全被一个宽度为 1.3cm 的玻璃丝盖住增加压力敏感度（参照图 4）。

② 测试框架类似于图 5 和图 6 所示，将测试过程中的移动和倾斜减小到最少。结构的框架和支柱为钢质（大约 100mm×200mm）或者更大，并且最小瞬间惯量为 187m⁴。框架拐角处焊接或用螺栓固定，以减小撞击过程中的弯曲。也要用螺栓固定在地上防止撞击过程中的移动。

③ 当撞击袋装好铅弹时，大约 45.5kg，从 1.2m 的垂直高度下落后动能约为 542J。

10.10.4　步骤

将组件样品按照厂商的描述安装在框架的中间。步骤如下：

① 休息时，离组件样品表面不超过 13mm，离组件中心不超过 50mm；

② 将撞击物提升到离组件样品表面 300mm 的降落点，稳定，然后释放撞击；

③ 如果没有破裂出现，重复步骤②将降落高度上升到 450mm。如果仍然没有破裂出现，重复步骤并将距离上升到 1220mm。

10.10.5　通过标准

如果组件符合以下任何的标准，则认为通过组件破裂测试：

① 当出现裂纹时，不会延伸到大的足够自由通过一个直径为 76mm（3inch）的球；

② 当碎裂出现时，测试 5min 后选定的 10 个最大块的完全裂块以克为单位的重量不超过样品 1cm 为单位的厚度的 16 倍；

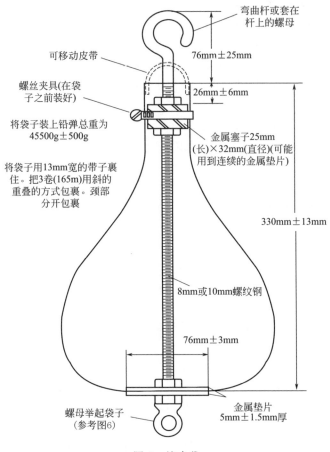

图4 撞击袋

③ 出现裂纹时，大于6.5cm² 的微粒出现；

④ 样品不破裂。

11 结构试验

11.1 局部放电试验 MST 15

这个测试属于 IEC 60664-1 的 4.1.2.4。

11.1.1 目的

用在组件上层或基层的聚合物材料，如果不满足 IEC 的绝缘要求，那么必须满足局部放电测试。任何用在组件上层或基层的聚合物材料都要满足局部放电测试（参考 IEC 61730-1）。

11.1.2 预处理

在组件插入背面箔层之前执行局部放电测试。

11.1.3 装置

校准测量装置或无线电干扰装置，参考 IEC 60664-1。

11.1.4 程序

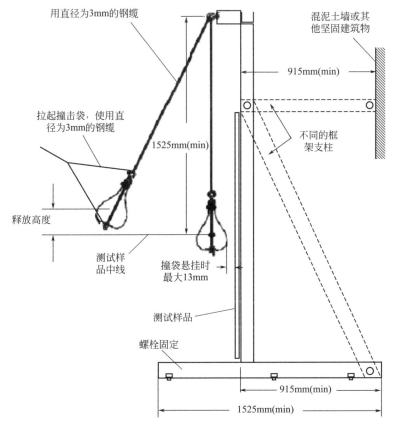

用直径为3mm的钢缆

混泥土墙或其他坚固建筑物

915mm(min)

拉起撞击袋，使用直径为3mm的钢缆

1525mm(min)

不同的框架支柱

释放高度

测试样品中线

撞袋悬挂时最大13mm

测试样品

螺栓固定

915mm(min)

1525mm(min)

图 5　撞击测试框架 1

步骤如下：

① 依照 IEC 60664-1 的 C.2.1 和 D.1，以低于系统最大电压的值开始，到达局部放电点（初始电压），测试电压以 10％ 的速度增加。

② 然后电压降到局部放电电压熄灭点。

③ 当电荷密度降到 1pC 时，认为已经到达了熄灭电压。这个电压要用好于 5％ 灵敏度测量。

④ 周围的环境可能影响到局部放电熄灭电压，这个影响由安全因数 F_1 表示。

⑤ 滞后因数依照 IEC 60664-1 中 4.1.2.4 减小到 1。加强绝缘性能的附加安全因数 $F_3 =$ 1.25 是安全等级 A 所必需的。初始测量电压定在 1.5 倍的 U_{oc}（由厂家提供的系统电压）。

⑥ 对 10 个组件进行重复测试。

11.1.5　通过标准

如果平均值减去局部放电熄灭电压的标准差大于 1.5 倍的厂家所提供的系统电压，则认为固体绝缘性能通过测试。

注：局部放电熄灭电压是试验电压从不发生局部放电的较低电压增加时，在试验回路中局部放电量超过规定值的最低电压。

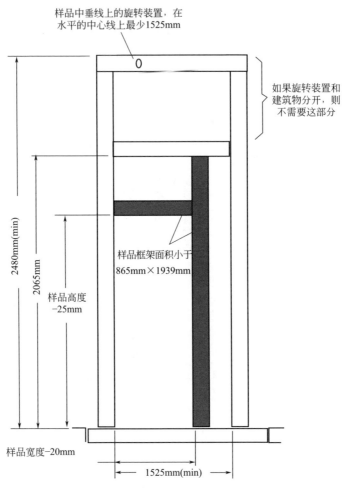

图 6　撞击测试框架 2

注：没有标出测试样品夹具。

11.2　导线管弯曲试验 MST 33

11.2.1　目的

用于组件的接线盒配线系统的导线管应确保能承受住在组件安装期间和安装后对导线管所施加的压力。

11.2.2　程序

两根 460mm 长的合适尺寸的带有合适装在盒子上装置的导线管组合安装在盒子的相反表面。如果盒子使用非金属导线管，导线管测试长度可焊接到适合长度，并进行干燥不少于 24h 的预处理。

试验装配，盒子放在中央，放置在如图 7 所示的支点上。支点间的距离应为 760mm 加上盒子中导线管终端间的距离，以给被测样品一个必需的弯曲度。

表 10 列出了导线管的规格和载荷，需持续 60s。在此期间，盒子和导线管应完整地绕装

置的主轴一圈。

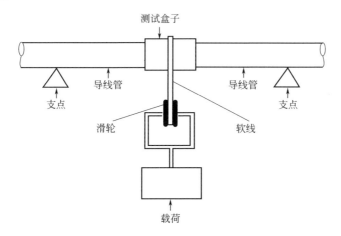

图 7　测试夹具装置

表 10　弯曲载荷

导线规格/mm	压力/N
13～25	220
26～50	330
51～100	490

11.2.3　通过标准

组件接线盒的外壁没有裂痕或与导线管脱离。

注：如果导线管的破裂导致盒子的破坏或者是因为焊接点的断开，盒子的破损是可以接受的。

11.3　可敲落的孔口盖试验 MST 44

11.3.1　目的

可移动的孔填充在组件终端外壁应保持在应力条件下，并能与现场应用永久布线系统轻易分开。

11.3.2　条件

聚合材料的接线盒样品在标准条件下，25℃环境温度进行试验。

另一个聚合材料的接线盒在空气中维持－20℃±1℃ 5h。试验应紧跟着这个条件重复试验。

11.3.3　程序

孔口盖应能轻易分离并不留下任何锋利边缘或者对盒子造成损坏。程序如下所述。

第一步：使用长最小为 38mm、直径为 6.4mm、尾部平坦的轴对孔口盖施加一 44.5N 的力 1min，力的方向应与孔口盖垂直并在此点最可能引起移动。等待 1h，测量孔口盖和盒子间的距离。

第二步：然后用起子作为凿子移除孔口盖。起子刃边缘沿开口的内边缘，移除仍在边上的易碎小块。

第三步：在另外两块孔口盖上重复第一步和第二步。

如果接线盒有多层孔口盖，当移除内层孔口盖时，外层孔口盖不应有位移。

11.3.4　通过标准

在受稳定应力后孔口盖应仍保持原位，在孔口盖和开口之间的距离不超过 0.75mm。

孔口盖应在不留下任何锋利边缘或造成接线盒损坏的条件下轻易移除。